高等院校互联网+新形态创新系列教材·计算机系列

程序设计基础实训(C 语言)

吴 亮 刘龙辉 林纪汉 主 编

刘 音 李月贞 曾 辉 彭玉华 副主编

清华大学出版社

北 京

内 容 简 介

　　本书内容分基础篇和进阶篇。基础篇针对 C 语言知识点分 12 章设计了 17 个实验,每个实验都有明确的实验目的,有程序示例、程序阅读、程序完善、程序改错、程序设计五种难度递增的题型,遵循[预习知识点]→[课堂思政]→[实验及实验指导]→[实验复习小结]的顺序,全方位进行知识讲解和操作指导。进阶篇有 C 语言课程设计、NCRE 二级 C 语言、ACM-ICPC 大赛等拔高内容。

　　本书配有实验大纲、实验报告、源代码、计算机等级考试和各类程序设计竞赛的辅导材料等丰富的课程资源包。本书既可作为高等院校计算机相关专业的实验、课程设计等实训教材,也可作为参加计算机等级考试、各类程序设计竞赛的学习用书。

图书在版编目(CIP)数据

程序设计基础实训. C 语言/吴亮,刘龙辉,林纪汉主编. —北京:清华大学出版社,2021.9

高等院校互联网+新形态创新系列教材. 计算机系列

ISBN 978-7-302-58938-9

Ⅰ. ①程⋯　Ⅱ. ①吴⋯　②刘⋯　③林⋯　Ⅲ. ①C 语言—程序设计—高等学校—教材　Ⅳ. ①TP312

中国版本图书馆 CIP 数据核字(2021)第 167113 号

责任编辑:桑任松
封面设计:李　坤
责任校对:李玉茹
责任印制:杨　艳

出版发行:清华大学出版社

　　　　网　　　址:http://www.tup.com.cn, http://www.wqbook.com
　　　　地　　　址:北京清华大学学研大厦 A 座　　　邮　　编:100084
　　　　社 总 机:010-62770175　　　　　　　　　　邮　　购:010-62786544
　　　　投稿与读者服务:010-62776969, c-service@tup.tsinghua.edu.cn
　　　　质量反馈:010-62772015, zhiliang@tup.tsinghua.edu.cn
　　　　课件下载:http://www.tup.com.cn, 010-62791865

印 刷 者:北京富博印刷有限公司
装 订 者:北京市密云县京文制本装订厂
经　　销:全国新华书店
开　　本:185mm×260mm　　　印　张:15.75　　　字　数:383 千字
版　　次:2021 年 9 月第 1 版　　　　　　　　印　次:2021 年 9 月第 1 次印刷
定　　价:48.00 元

产品编号:093682-01

前　　言

　　《程序设计基础实训(C 语言)》是《程序设计基础(C 语言)(微课版)》的配套学习与实验实训指导书，也可以独立使用。本书是学习 C 语言和上机训练的必备参考书，可作为高等院校计算机及相关学科的实验实训教材，也可作为从事计算机应用的科技人员的参考书或培训教材，还可作为备考 NCRE 考级、ACM-ICPC 大赛的参考书。

　　本实训教材是作者多年教学实践、上机辅导、软件开发、交流沟通的经验总结，力求将 C 语言的各种知识点融入具体的学习、实验、实训和课程设计中，培养读者设计程序的能力，更重要的是培养读者针对生产实际分析问题和解决问题的能力，培养读者的创新能力，培养程序设计的艺术家，而不是程序的编码工人。

本书内容介绍：

　　第一部分是基础篇，包括 12 章，针对 C 语言知识点分章设计了 17 个实验，每个实验都包括预习知识点、课堂思政、实验及实验指导、实验复习小结等。

　　(1) 预习知识点。将理论知识用简明易懂的文字、图表等形式以知识点为单位进行总结，供读者完成实验预习任务。

　　(2) 课堂思政。通过在每章的知识点中融入课程思政，让读者理解实训是检验理论的唯一标准。通过 C 语言编程环境中编程题的练习，让同学们养成一丝不苟的严谨作风和求实创新的科学精神。

　　(3) 实验及实验指导。将实验及实验指导分开排版，方便读者先独立完成实验，有困难的部分可以学习详细的实验指导，每个实验都有分析、参考答案、源代码和运行结果等。

　　(4) 每个实验按 2 个课时设计 6～8 个题目，有明确的实验目的，有程序示例、程序阅读、程序完善、程序改错、程序设计五个难度递增的题型，循序渐进地培养读者从理解程序、运用程序、分析程序、调试程序、优化程序到设计程序的能力。

　　【实验目的】列出通过本次实验所要达到的教学目的和要求。

　　【程序示例】给出一个典型的程序代码，并给出程序代码的完整注释，通过让读者上机验证的方式，掌握具体的操作步骤，理解相关理论知识点和算法，达到启发与引导并加深对示例程序的理解与掌握的目的。

　　【程序阅读】给出一个典型的程序代码，但在部分代码的后面添加了空的注释，通过让读者在阅读并理解程序思路的基础上，补充注释内容，分析程序功能等方法，达到培养读者理解与运用程序的能力。

　　【程序完善】给出的是不完整的程序，通过让读者根据对题目的分析理解，在空缺的位置填写语句，完善程序的方式，达到培养读者分析与优化程序能力的目的。

　　【程序改错】给出的程序中有错误的代码，通过让读者根据题意要求，通读程序代码，根据程序运行所出现的错误进行调试修改程序，达到培养读者调试修改程序的能力。

　　【程序设计】给出程序功能，通过让读者根据题意要求，独立编写程序，达到培养读者独立编写、设计与创新程序的能力。

　　(5) 实验复习小结。每次实验完成后，要求读者记录实验内容、易错点、收获体会等，鼓励读者养成勤记录、勤总结、勤思考、勤反馈的习惯。教师可以根据读者的反馈评分和写评语。

第二部分是进阶篇，包括 3 章，有 C 语言课程设计、NCRE 二级 C 语言、ACM-ICPC 大赛等拔高内容。C 语言课程设计是综合实训项目，包括课程设计大纲、题库和范例等；NCRE 二级 C 语言是考查计算机应用知识与技能的全国性计算机水平考试，包含考试大纲、考试内容、考点剖析、真题训练及解析等；ACM-ICPC 大赛是全球读者计算机程序能力竞赛活动中最有影响的一项赛事，包含大赛介绍、题库和范例等。

附录部分包括不同版本的 C 语言标准之间的主要区别、二级 C 语言知识点思维导图、C 程序常见错误分析及错误信息语句示例等。

本书特色介绍：

(1) 本书每个实验都是编者精心设计和选择的，所构思的实验内容选材合理，实验目的明确。每个实验由示例开始，过渡到阅读、完善，再提升到改错，读者掌握了阅读、完善与改错程序的设计方法，设计程序就可以独立完成了。这种设计体现了由易到难、逐步提高的思路，能引导读者从不同的角度分析和理解实验内容，从而提高读者分析和解决问题的能力，达到培养读者编程能力和提高读者综合素质的目的。

(2) 结合编者团队的省社科基金课程思政项目开发，以立德育人为教学导向，按照新工科背景下专业工程教育认证标准的毕业要求(OBE)，在每章的知识点中融入思政元素，培养读者遵守职业规范、团队协作和沟通、项目管理、终身学习的能力，养成一丝不苟的严谨作风和求实创新的科学精神。

(3) 每章有预习知识点便于读者突破重难点，将理论与实训融会贯通。有复习小结便于读者养成勤反思、勤总结的习惯，通过归纳整理实验易错点来梳理薄弱的知识点，积累程序调试能力。通过"实验预习知识点→实验案例练习训练→实验复习总结反思"的思路，来践行"三习：预习→练习→复习"的素质教育理念。每章都配有读者和教师的实验小结表格，包括实验完成内容记录、实验易错点记录、实验收获、实验成绩、指导老师实验评语等。

(4) 根据教育部考试中心制定的《全国计算机等级考试二级 C 语言程序设计考试大纲》要求，编写的考点剖析、真题训练及解析等内容，适合考生备战二级 C 语言使用。

(5) ACM-ICPC 大赛是一项旨在展示大学生创新能力、团队精神，以及在压力下编写程序、分析和解决问题能力的国际竞赛，编者有多年的大赛指导经验，适合考生备战大赛使用。

(6) 学习计算机语言最好的途径是编写和调试程序。本书包含许多常见编程错误的程序改错题，并要求读者养成在实验复习小结表中记录的习惯。

(7) 本书提供实验大纲、进程表、实验报告模板、实验源代码、实验指导书、习题库、素质考试题库、知识点思维导图、程序常见错误分析及错误信息语句示例等教学材料参考。

致谢：

本书是作者在多年 C 语言教学、研究和实训积累的基础上，吸收国内外 C 语言程序设计课程的实训教学理念和方法，依据 C 语言程序设计课程教学大纲和实验大纲的要求编写而成。全书由吴亮负责统稿，第一部分为基础篇，第 1、2、7、11、12 章由吴亮编写，第 3、

4 章由刘龙辉编写，第 5、9 章由刘音编写，第 8 章由李月贞编写，第 6、10 章由林纪汉编写；第二部分为进阶篇，第 13、15 章由刘龙辉编写，第 14 章由吴亮编写；附录部分由吴亮编写，全书代码由曾辉调试检查，彭玉华对全书进行了审查。

　　本书在编写过程中得到了中国地质大学、武昌理工学院、武汉学院、湖北国土资源职业学院的领导与同仁们的大力支持，得到了清华大学出版社的大力支持，也得到了湖北省普通高等学校人文社会科学重点研究基地——大学生发展与创新教育研究中心开放基金(DXS202012)的资助，在此表示衷心感谢。特别感谢有多年丰富考级竞赛培训和教学经验的朱莉、龚鸣敏、管胜波、黄薇、阳小兰、钱程、邓谦、胡西林、魏鉴、程开固、胡雯等老师的大力支持。在编写的过程中，我们力求做到严谨细致、精益求精，但由于时间仓促和编者水平有限，书中疏漏和不妥之处在所难免，敬请各位读者和同行专家批评、指正。

编　　者

目　　录

第一篇　基　础　篇

第二篇　进　阶　篇

第一篇
基础篇

第 1 章　程序设计与 C 语言

1.1　本章预习知识点

1. 程序及程序设计

程序是一组计算机能识别和执行的指令，计算机的一切操作都是由程序控制的，离开程序，计算机将一事无成。程序设计是人们借助计算机语言，告诉计算机要做什么(即处理哪些数据)、如何处理(即按什么步骤来处理)的过程。如 C 语言程序设计是以 C 语言为工具，编写各类 C 语言程序的过程。程序设计的过程通常应当包括分析问题、设计算法、编写程序、运行程序和分析结果、编写程序文档等不同阶段。

2. 算法及算法的描述

(1) 算法反映计算机的执行过程，是对解决特定问题的方法和具体步骤的描述。

(2) 算法的 5 个特征：有穷性、确切性、零个或多个输入、一个或多个输出、有效性。

(2) 算法的描述方法：自然语言、传统流程图、N-S 结构图、PAD 图、伪代码等。

3. 三种基本结构和改进的流程图(见图 1-1)

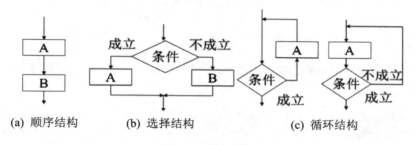

    (a) 顺序结构　　　　(b) 选择结构　　　　　　(c) 循环结构

图 1-1　程序流程图

【融入思政元素】

通过程序设计的思想，引导学生做一个有理智、有条理的人：把事情分出轻重缓急，先做重要和紧急的事情，再做一般和不紧急的事情；按程序流程图的设计，懂得制订计划，并按计划和顺序来做事；懂得合并同类项、排列组合统筹管理，从而做到有条不紊，节约时间，提高效率。

4. 计算机语言

(1) 计算机语言用于人和计算机交流信息，是计算机和人都能识别的语言。

(2) 计算机语言的 3 个发展阶段：

    机器语言(由 0 和 1 组成的指令)

    汇编语言(用英文字母和数字表示指令)

    高级语言(接近于人的自然语言和数学语言)　　面向过程的语言

                                 面向对象的语言

5. C 语言的特点

C 语言是一种比较特殊的高级语言，它的主要特色是兼顾了高级语言和汇编语言的特点，简洁、丰富、可移植，程序执行效率高。C 语言是一种用途广泛、功能强大、使用灵活的过程性编程语言，既可用于编写应用软件，又能用于编写系统软件。因此 C 语言问世以后得到迅速推广，并应用至今。

【融入思政元素】

从 C 语言概论引出软件发展对国力的重要性，从华为 5G 事件，促进学生对标准重要性的认识；从中美贸易战中的"中国芯"，教育学生认真学习程序设计，奋发图强，为祖国的腾飞、为中国梦而认真学习。

6. C 语言程序的结构

(1) C 语言是结构化、模块化程序设计语言，一个 C 语言程序由一个或多个程序模块组成，每一个程序模块作为一个源程序文件。一个程序由一个或多个源程序文件组成，小程序往往只包括一个源程序文件。一个源程序文件可以包括三个部分：预处理指令、全局声明、函数定义等。

(2) C 语言程序是由函数组成的，函数为程序的基本单位。一个 C 语言程序是由一个或多个函数组成的；必须包含一个主函数 main，且只能有一个；每个函数都用来实现一个或几个特定功能；被调用的函数可以是库函数，也可以是用户自己编制定义的函数。

(3) 任何函数(包括主函数 main)都是由函数说明和函数体两部分组成的。

其一般结构如下。

函数说明部分：

函数类型　函数名(函数形参)

函数体部分：

```
{    数据类型说明
     执行语句
    (返回语句)
    }
```

(4) C 语言程序总是从 main 函数头开始执行，至 main 函数尾结束，与 main 函数在程序中的位置无关。

(5) C 程序对计算机的操作由 C 语句完成，在每条 C 语句的最后必须有一个分号。C 程序的书写格式比较自由，一行内可以写多个语句，一个语句也可以分写在多行上。

(6) C 语言本身不提供输入输出语句，输入输出操作通过调用 C 语言标准库 stdio.h 中提供的 scanf()和 printf()等输入输出函数来完成。

(7) 程序应当包含注释，增加可读性，C 语言有两种常用的注释方式。

//表示单行注释，可单独占一行，可出现在一行中其他内容的右侧。

/*······*/表示块式注释，可包含多行。

7. C 语言程序的框架

```
#include <stdio.h>
    int main( )
```

```
{   各种 C 语句
    …；
    return 0;
}
```

8. C 语言程序的基本词汇符号

(1) 字符集。由字母、数字、空格、标点和特殊字符组成。在字符常量、字符串常量和注释中还可以使用汉字或其他可表示的图形符号。

(2) 关键字。C 语言的关键字共有 32 个，根据关键字的作用，可分为数据类型关键字、控制语句关键字、存储类型关键字和其他关键字四类。

(3) 标识符。在程序中使用的变量名、函数名、标号等统称为标识符。除库函数的函数名由系统定义外，其余都由用户自己定义。C 语言规定，标识符只能是字母(A～Z，a～z)、数字(0～9)、下画线组成的字符串，并且第一个字符必须是字母或下画线。

【融入思政元素】

通过 C 语言的语法规则(标识符的命名规则)，告诉学生做事先做人，凡事都要讲规矩，无规矩不成方圆。在学校，要遵守学校的各项规章制度；在家里，要孝顺父母，尽量帮父母多做家务；毕业后，要遵守国家法律法规，做一个遵纪守法的好公民。

9. C 语言的编程环境

(1) C 语言是一门历史很长的编程语言，其编译器和开发工具也多种多样，有 Turbo C 2.0、Win-TC、Dev-C++、Visual C++、Visual Studio.NET 等，本书所采用的编译器是深受编程爱好者喜爱的主流编译器 Visual C++ 6.0。

(2) C 语言程序的开发过程是一个循环往复的过程，往往需要不断地分析问题，编制程序代码，对代码进行编译，若编译中发现错误，还要转回修改源程序后，再进行编译和连接，不断地调试运行，直到得到正确的结果。C 语言程序的运行分以下 4 步。

第 1 步：上机输入和编辑源程序(.c 文件或.cpp 文件)。

第 2 步：对源程序进行编译(.obj 文件)。

第 3 步：进行连接处理(.exe 文件)。

第 4 步：运行可执行程序，得到运行结果。

10. 运用 Visual C++ 6.0 开发 C 程序的基本步骤

(1) 建立空项目和空文件。先建立空项目 File/New…/Project，选择项目类型 Win32 console Application，输入项目名，选择项目存放目录；再建立空文件 File/New…/ Files，插入项目中，选择文件类型为 C++ Source File，输入文件名。

(2) 编辑。在文件代码窗口，按照 C 语言语法规则编辑源程序文件(.cpp)。

(3) 编译。通过 Build/Compile 编译 C 语言源程序为目标文件(.obj)。

(4) 链接。通过 Build/ Build 将目标文件连接库函数代码生成可执行文件(.exe)。

(5) 执行。通过 Build/ Execute 运行可执行文件(.exe)。

【融入思政元素】

C 语言程序必须通过其编译器和开发工具来实践才有意义，告诉我们学编程的学生，一定要秉承着唯物主义的辩证思想,对于猜想与假设,需要用实践的手段来验证。实践是检验真理的唯一标准,只有切实地实践,才能得知猜想是否正确,不能凭主观臆想来衡量事物与原理。

1.2 实验1:熟悉 C 语言集成开发环境

1.2.1 实验目的

(1) 熟悉 C 语言集成开发环境的使用方法。
(2) 熟悉 C 语言程序从编辑、编译、链接到最后运行得到结果的过程及各过程的作用。
(3) 了解 C 语言程序的结构特征与书写规则,能够编写简单的 C 语言程序。
(4) 初步理解程序调试的思想,能找出并改正 C 语言程序中的语法错误。

1.2.2 实验内容

1. 程序示例

【程序 1.1】上机运行程序,比较 C99 标准和 C89 标准的 C 程序,用不同的开发环境验证运行结果与分析的结果是否相符,并记录运行结果。

(1) C89 标准。建议把 main 函数返回指定为 void 型,并返回 void,可省略。

```
#include <stdio.h>
void main()
{   printf ("Hello,This is my first C program!\n");   }
```

(2) C99 标准。建议把 main 函数返回指定为 int 型,并通过 return 语句返回 0。

```
#include <stdio.h>
int main()
{ printf ("Hello,This is my first C program!\n");
  return 0;
}
```

2. 程序阅读

【程序 1.2】在阅读并理解程序思路的基础上,说明程序功能,补充注释内容,并上机运行程序,验证运行结果与分析的结果是否相符,记录运行结果。

```
#include <stdio.h>
int main()
{   float x,y,z;
    x=5.6; y=9.9;
    if (x > y) z = y;
    else z = x;
    printf("最小值=%f\n",z);
    return 0;
}
```

3. 程序改错

【**程序 1.3**】程序中有 4 处错误，上机调试程序，修改有错误的语句行，并输出正确的运行结果。

第 1 句：　#include<stdio.h>
第 2 句：int　mian()
第 3 句：{ inta,b,sum;
第 4 句：　a=789;
第 5 句：　b=456;
第 6 句：　sum=a+b
第 7 句：　printf("sum is %d\n,sum");
第 8 句：　return　0;
第 9 句：　}

4. 程序完善

【**程序 1.4**】上机运行程序，实现求两个整数中的较大值，补充完善程序内容，并验证运行结果与分析的结果是否相符，记录运行结果。

```
#include <stdio.h>
int main( )
{    int x,y,z;                //定义3个整型(int)变量
     x=88; y=90;              //将88赋值给变量x,将90赋值给变量y
     if (x>y)    ①           //比较变量x和y,变量z为变量x和y中的最大值
     else        ②
     printf("最大值=%d\n",    ③    );    //输出最大值=变量z
     return 0;
}
```

5. 程序设计

【**程序 1.5**】编写程序，输出以下三行信息。

```
* * * * * * * * * * * * * * * * * * * * * * * * *
我要成为一个优秀的C程序员！
* * * * * * * * * * * * * * * * * * * * * * * * *
```

【**程序 1.6**】编写程序，分两行输出自己的姓名及联系电话。

```
姓名：王芳
电话：15312345678
```

1.2.3　实验指导

1. 程序示例

【**程序 1.1**】上机运行程序，比较 C99 标准和 C89 标准的 C 程序，用不同的开发环境验证运行结果与分析的结果是否相符，并记录运行结果。

1) 分析

(1) 用 C89 和 C99 标准编写的程序功能相同，实现打印一行信息：Hello，This is my first C program!。

(2) 程序中的#include <stdio.h>是预处理命令，其作用是在调用库函数时将相关文件 stdio.h 包含到程序中。有了此行，就可以成功地调用 C 语言标准库 stdio.h 中提供的输入、输出函数，如程序语句 printf ("Hello，This is my first C program! \n");中的格式输出函数 printf。

(3) 程序中的 main 是主函数名，每一个 C 程序都必须包含而且只能包含一个主函数。用一对大括号{……}括起来的部分是函数体。

(4) 了解主函数 main()的两种形式：C89 标准和 C99 标准。C89 建议把 main 函数返回指定为 void 型，并返回 void，可省略；C99 建议把 main 函数返回指定为 int 型，并通过 return 语句返回 0。为使程序规范并具有可移植性，希望读者编写的程序一律将 main 函数返回指定为 int 型，并在 main 函数最后加一个 return 0;语句。

(5) C 语言的开发工具有很多，有的支持 C99 标准，有的支持 C89 标准，有的都支持，但建议读者用 C99 标准编写程序。

2) 参考答案

(1) VC++6.0 集成开发环境。用 C99 标准编写的程序功能与 C89 标准相同，验证运行正确，运行结果相同。

(2) DEV-C++ 集成开发环境。用 C99 标准编写的程序验证运行正确，程序运行结果如图 1-2 所示。但用 C89 标准编写的程序则会报错，因为 DEV-C++不可以在 main 前加 void。

```
Hello,This is my first C program!
```

图 1-2　程序 1.1 运行结果

2. 程序阅读

【程序 1.2】在阅读并理解程序思路的基础上，说明程序功能，补充注释内容，并上机运行程序，验证运行结果与分析的结果是否相符，记录运行结果。

1) 分析

(1) 程序功能。此程序实现输出两个实型变量 x 和 y(小数)中的较小者。

(2) 语句 float x,y,z; 定义 3 个实型(float)变量，分别用标识符命名规则，命名为变量 x、变量 y、变量 z；语句 x=5.6; y=9.9; 即将 5.6 赋值给变量 x，将 9.9 赋值给变量 y。

(3) 语句 if (x > y) z = y; else z = x; 表示如果(if)变量 x 的值大于变量 y 的值(x>y)成立，则变量 z 的值就等于变量 y 的值；否则(else)，变量 z 的值就等于变量 x 的值，故变量 z 为变量 x 和变量 y 中的最小值。

(4) 语句 printf("最小值=%f ",z); 表示输出函数 printf 圆括号内双引号中的字符串"最小值="按原样输出，变量 z 以小数形式(%f)输出，故屏幕显示运行结果"最小值=5.6"。

2) 参考答案

此程序验证正确，注释与运行结果如下。

```
#include <stdio.h>
int main()
{   float x,y,z;              //定义 3 个实型(float)变量
    x=5.6; y=9.9;            //将 5.6 赋值给变量 x，将 9.9 赋值给变量 y
    if (x > y) z = y;         //比较变量 x 和 y，变量 z 为变量 x 和 y 中的最小值
    else  z = x;
    printf("最小值=%f\n",z);    //输出最小值=变量 z
    return 0;
}
```

程序运行结果如图 1-3 所示。

图 1-3　程序 1.2 运行结果

3. 程序改错

【程序 1.3】程序中有 4 处错误，上机调试程序，修改有错误的语句行，并输出正确的运行结果。

1) 分析

(1) 拼写错误是学生常犯的错误之一，如将 main 写成 mian。

(2) 语法错误，定义变量的数据类型时，变量名与数据类型间应该有空格，如 int a;。

(3) 语法错误，C 语句必须以分号(;)结束，如语句 sum=a+b;。

(4) 语法错误，格式输出函数 printf()的一般格式为 printf("输出格式", 输出参数表列);，如语句 printf("sum is %d\n",sum);。

2) 参考答案

(1) 第 2 句：int　mian() 改成 int　main()

(2) 第 3 句：{ inta,b,sum; 改成 { int a,b,sum;

(3) 第 6 句：sum=a+b 改成 sum=a+b;

(4) 第 7 句：printf("sum is %d\n,sum"); 改成 printf("sum is %d\n",sum);。

此程序验证正确，注释与运行结果如下。

```
#include <stdio.h>
int main()
{  int a,b,sum;         //定义 3 个整型(int)变量
   a=789;               //将 789 赋值给变量 a
   b=456;               //将 456 赋值给变量 b
   sum=a+b;             //计算变量 a 与变量 b 的和，赋给变量 sum
   printf("sum is %d\n",sum);     //输出变量 sum 的值
   return 0;
}
```

程序运行结果如图 1-4 所示。

图 1-4　程序 1.3 运行结果

4. 程序完善

【**程序 1.4**】上机运行程序，实现求两个整数中的较大值，补充完善程序内容，并验证运行结果与分析的结果是否相符，记录运行结果。

1) 分析

(1) 此程序参照程序 1.2 完成，实现输出两个整型变量 a 和 b 中的较大值。

(2) 语句 int a,b,c; 定义 3 个整型(int)变量。

(3) 将选择语句"if…else…"中的"<"改成">"即可。

2) 参考答案

①   z=x;

②   z=y;

③   z

此程序验证正确，注释与运行结果如下。

```c
#include <stdio.h>
int main( )
{    int x,y,z;                      //定义 3 个整型(int)变量
     x=88 ;y=90;                     //将 88 赋值给变量 x，将 90 赋值给变量 y
     if (x>y)   z=x;                 //比较变量 x 和 y，变量 z 为变量 x 和 y 中的最大值
     else       z=y;
     printf("最大值=%d\n",  z );     //输出最大值=变量 z
     return 0;
}
```

程序运行结果如图 1-5 所示。

图 1-5   程序 1.4 运行结果

5. 程序设计

【**程序 1.5**】编写程序，输出以下三行信息。

```
**************************
我要成为一个优秀的 C 程序员!
**************************
```

1) 分析

(1) 此程序参照程序 1.1 完成，由格式输出函数 printf()组成。

(2) 语句 printf("**************************\n"); 输出一行 26 个星形(*)。

(3) 语句 printf("我要成为一个优秀的 C 程序员!\n"); 输出一行中文。

(4) '\n'与'*'一样，是一个字符型常量，但'\n'是转义字符，表示换行。

2) 参考答案

程序代码如下。

方法 1：

```
#include <stdio.h>
int main()
{  printf("*****************************\n");
   printf("我要成为一个优秀的C程序员!\n");
   printf("*****************************\n");
   return  0;
}
```

方法 2：

```
#include <stdio.h>
int main()
{   printf("*****************************\n 我要成为一个优秀的 C 程序员!\n");
    printf("*****************************\n");
    return  0;
}
```

程序运行结果如图 1-6 所示。

图 1-6　程序 1.5 运行结果

【程序 1.6】编写程序，分两行输出自己的姓名及联系电话，如王芳。

```
姓名：王芳
电话：15312345678
```

1) 分析

此程序参照程序 1.1 完成，由格式输出函数 printf()组成。

2) 参考答案

程序代码如下：

```
#include <stdio.h>
int main( )
{  printf("姓名：王芳\n");
   printf("电话：15312345678\n");
   return 0;
}
```

程序运行结果如图 1-7 所示。

图 1-7　程序 1.6 运行结果

1.3 本章实验复习小结

1. 实验复习

C 语言是结构化、模块化函数式的程序设计语言；C 程序必须有且只能有一个名为 main 的主函数；C 程序的执行总是从 main 函数开始，在 main 函数中结束。

C 语言程序的结构框架如下：

```
#include <stdio.h>
    int main( )
    {  各种 C 语句
     …;
     return 0;
    }
```

C 语言程序的开发过程是一个循环往复的过程，往往需要不断地分析问题，编制程序代码，对代码进行编译、链接、调试运行。

C 语言程序的运行分编辑源程序(.c 文件)、对源程序进行编译(.obj 文件)、进行链接处理(.exe 文件)、运行可执行程序共四步。

思考：结合本次实验简述 C 程序从编写到最终运行的一般过程，并简要说明其中每个步骤的作用及其生成的文件类型。

2. 实验小结

实验完成 内容记录	
实验易错点 记录	
实验收获	
实验成绩	
指导老师实验 评语	

第 2 章　C 语言程序设计基础

2.1　本章预习知识点

1. 数据类型

(1) 根据数据分配存储单元的安排，包括存储单元的长度(占多少字节)以及数据的存储形式，将数据分成不同的类型，即数据类型。

(2) C 语言允许使用的数据类型有基本类型、布尔型、枚举类型、空类型、派生类型。

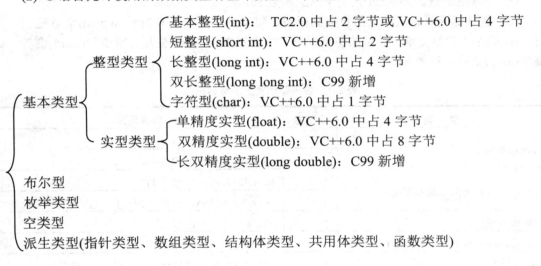

```
                                  ┌ 基本整型(int)：  TC2.0 中占 2 字节或 VC++6.0 中占 4 字节
                                  │ 短整型(short int)：VC++6.0 中占 2 字节
                      ┌ 整型类型 ─┤ 长整型(long int)： VC++6.0 中占 4 字节
                      │           │ 双长整型(long long int)：C99 新增
             ┌ 基本类型 ┤          └ 字符型(char)： VC++6.0 中占 1 字节
             │        │           ┌ 单精度实型(float)：VC++6.0 中占 4 字节
             │        └ 实型类型 ─┤ 双精度实型(double)： VC++6.0 中占 8 字节
             │                    └ 长双精度实型(long double)：C99 新增
             │ 布尔型
             ┤ 枚举类型
             │ 空类型
             └ 派生类型(指针类型、数组类型、结构体类型、共用体类型、函数类型)
```

2. 常量与变量

(1) 计算机处理的基本对象是数据，变量和常量则是程序最基本的数据形式。

(2) 常量。即在程序运行过程中，其值不能被改变的量。常量用于定义具有在程序中保持不变，在程序内部频繁使用等特点的数据。常用的常量有整型常量、实型常量、字符常量、字符串常量、符号常量。

(3) 符号常量。很容易使人们混淆为变量的一种特殊常量。在 C 语言中，可以用一个标识符来表示一个常量，称为符号常量，如语句 #define PI 3.14。

(4) 变量。在程序运行期间，变量的值是可以改变的。变量必须先定义，后使用，定义变量时指定该变量的名字和类型。变量名和变量值是两个不同的概念，变量名实际上是以一个名字代表的一个存储地址，从变量中取值，实际上是通过变量名找到相应的内存地址，从该存储单元中读取数据。

(5) 常变量。很容易使人们混淆为常量的一种特殊变量。C99 中允许使用常变量，常变量是指使用类型修饰符 const 修饰的变量，其值是不能被更新的，如语句 const　float pi=3.14;。

(6) 符号常量与常变量的区别。符号常量不占用内存空间，在预编译时就全部由符号常量的值替换了；而常变量占用内存空间，此变量在存在期间不能重新赋值。

(7) 标识符。一个对象(变量名、函数名、标号等)的名字。C 语言规定标识符只能由字母、数字和下画线三种字符组成，且第一个字符必须为字母或下画线。

【融入思政元素】

通过数据类型分类管理数据的思想，引导学生掌握分类管理的方法，养成分类管理数据的习惯，懂得制订计划、按需分配，懂得合并同类项、排列组合统筹管理等。

3. 整型数据

(1) 整型常量。在 C 语言中常使用以下三种不同进位制的整型常量。

① 十进制数。如 123、-456.4。

② 八进制数。如 0123 表示八进制数 123，等于十进制数 83。

③ 十六进制数。如 0x5a 代表十六进制数 5a，等于十进制数 90。

(2) 整型变量值的范围包括负数到正数，整型变量可分为有符号(signed)整型变量和无符号(unsigned)整型变量。常用的整型变量可分为基本整型(int)变量、短整型(short)变量、长整型(long)变量，见表 2-1。

表 2-1　各种整型变量的取值范围

类　　型	字节数	取值范围
int(基本整型)	2	$-32768 \sim 32767$，即 $-2^{15} \sim (2^{15}-1)$
	4	$-2147483648 \sim 2147483647$，即 $-2^{31} \sim (2^{31}-1)$
unsigned int(无符号基本整型)	2	$0 \sim 65535$，即 $0 \sim (2^{16}-1)$
	4	$0 \sim 4294967295$，即 $0 \sim (2^{32}-1)$
short(短整型)	2	$-32768 \sim 32767$，即 $-2^{15} \sim (2^{15}-1)$
unsigned short(无符号短整型)	2	$0 \sim 65535$，即 $0 \sim (2^{16}-1)$
long(长整型)	4	$-2147483648 \sim 2147483647$，即 $-2^{31} \sim (2^{31}-1)$
unsigned long(无符号长整型)	4	$0 \sim 4294967295$，即 $0 \sim (2^{32}-1)$
long long(双长型)	8	$-9223372036854775808 \sim 9223372036854775807$，即 $-2^{63} \sim (2^{63}-1)$
unsigned long long(无符号双长整型)	8	$0 \sim 18446744073709551615$，即 $0 \sim (2^{64}-1)$

4. 字符型数据

(1) 字符是按其代码(整数)形式存储的，C99 把字符型数据作为整数类型的一种。由字符组成的集合称为字符集(字符常量集)，由于包含字符的多少与异同而形成了各种不同的字符集。目前多数系统采用 ASCII 字符集，包括以下 127 个字符。

① 字母。A~Z，a~z。

② 数字。0~9。

③ 专门符号。29 个，如!、"、#、&、'、(、)、*等。

④ 空格符。空格、水平制表符、换行等。

⑤ 不能显示的字符。空(null)字符(以'\0'表示)、警告(以'\a'表示)、退格(以'\b'表示)、回车(以'\r'表示)等。

(2) 字符'1'和整数 1 是不同的概念。字符'1'只是代表一个形状为'1'的符号，在需要时按原样符号输出，在内存中以 ASCII 码(49)形式存储，占 1 字节[0 0 1 1 0 0 0 1]；整数 1 是以整数存储方式(二进制补码方式)存储的，占 2 或 4 字节[0 0 0 0 0 0 0 0|0 0 0 0 0 0 0 1]。

(3) 字符'a'与字符串"a"是不同的概念。在程序中用单引号('a')把一个 ASCII 字符集中的字符括起来作为字符常量。字符串常量是用双引号("a")括起来的零个或多个字符组成的序列。字符'a'占 1 字节；字符串"a"占 2 字节，即'a'(字符'a')和'\0'(字符串结束标记)。

(4) 字符变量。用类型符 char 定义字符变量，字符型变量可以是有符号的，也可以是无符号的，见表 2-2。

表 2-2　字符类型

类　型	字节数	取值范围
signed char(有符号字符型)	1	$-128\sim127$，即$-2^7\sim(2^7-1)$
unsigned char(无符号字符型)	1	$0\sim255$，即 $0\sim(2^8-1)$

(5) 字符型数据有整型、字符型双重身份。整型常量 97 以%d(十进制)输出，输出结果为 97；以%c(字符)输出，输出结果为 a。

5. 实型数据

实型数据又称浮点型数据，包括实型常量和实型变量。

(1) 实型常量。实型常量有十进制小数形式(1.23)和十进制指数形式(0.23e1)两种表现形式。十进制指数形式要求字母 e(或 E)之前必须有数字，且 e 后面的指数必须为整数。实型常量是根据不同的后缀来说明不同的数据类型的，本书称这些后缀符号为类型说明符。实型常量类型说明符有 l 或 L(长双精度浮点数)、f 或 F(单精度浮点数)，没有后缀的默认为 double。

(2) 实型变量。实型变量按其保证的精度分为单精度(float)型、双精度(double)型、长双精度(long double)型，见表 2-3。

表 2-3　实数类型

类　型	字节数	有效数字	数值范围(绝对值)
float	4	6	0 以及 $1.2\times10^{-38}\sim3.4\times10^{38}$
double	8	15	0 以及 $2.3\times10^{-308}\sim1.7\times10^{308}$
long double	8	15	0 以及 $2.3\times10^{-308}\sim1.7\times10^{308}$
	16	19	0 以及 $3.4\times10^{-4932}\sim1.1\times10^{4932}$

【融入思政元素】

通过数据有数值范围、不能溢出的思想，告诉学生，做事要有度，否则过犹不及。人生是需要智慧的，这种智慧能使自己的情感、情绪、理智处在平衡状态。不良的生活方式、行为习惯、饮食嗜好都是一种无度。如早上不起、晚上不睡、散漫怠惰、沉迷网络等，生活无度葬送的是自身的青春和健康，而青春是一去不复返的。

6. 算术表达式和运算符

(1) 用算术运算符和括号将运算对象(也称操作数)连接起来的、符合 C 语法规则的式子，称为 C 算术表达式。运算对象包括常量、变量、函数等，C 语言规定了运算符的优先级和结合性。

(2) 如果除法运算符(/)两边都是整型，那么结果就是一个整型，如 3/2 的结果就是 1；如果有一边是小数，那么结果就是小数，如 3/2.0 的结果就是 1.5。若除数或被除数中有一个为负数，则结果值随机器而定。

7. 不同类型数据间的混合运算

(1) +、-、*、/运算的两个数中有一个数为 float 或 double 型，结果是 double 型。系统将 float 型数据都先转换为 double 型，然后再进行运算。

(2) 如果 int 型与 float 或 double 型数据进行运算，则先把 int 型和 float 型数据转换为 double 型，然后再进行运算，结果是 double 型。

(3) 字符型数据与整型数据进行运算，就是把字符的 ASCII 代码与整型数据进行运算。

8. 自增、自减运算符

(1) 自增(++)、自减(--)运算符都是单目运算符。自增、自减运算符可用在操作数的前面(前缀形式)，如++i、--i；也可用在操作数的后面(后缀形式)，如 i++、i--。

(2) 前缀形式表达式 ++i、--i 的执行顺序。先使 i 的值加(减)1，再参与其他运算。例如：若 i=3，j＝++i;，则 i 的值先自加 1 变成 4，再赋给 j，j 的值为 4。

(3) 后缀形式表达式 i++、i-- 的执行顺序。先让 i 参与其他运算，再使 i 的值加(减)1。例如：若 i=3，j＝i++;，则先将 i 的值 3 赋给 j，j 的值为 3，然后 i 的值再自加 1 变为 4。

(4) 自增、自减运算符的前缀形式和后缀形式都会使变量 i 自加(减)1，所不同的是在加(减)之前或之后参与其他运算。

9. 强制类型转换运算符

(1) 可以利用强制类型转换运算符将一个表达式转换成所需类型。有系统自动进行的类型转换和强制类型转换两种转换形式。

(2) 强制类型转换运算符的一般形式为：(类型名)(表达式)，如表达式 (float)(5%3)是将 5%3 的值转换成 float 型。

10. 赋值运算符与复合赋值运算符

(1) 赋值运算符。是将"="右侧的值或表达式赋给左侧的变量。赋值语句的一般形式为：变量=表达式，如 x=2，y=x+3。

(2) 复合赋值运算。在赋值运算符(=)之前加上其他运算符，可以构成复合赋值运算符。与算术运算有关的复合赋值运算符有+=、-=、*=、/=、%=；与位运算有关的复合赋值运算符有&=、|=、^=、>>=、<<=。复合赋值表达式的格式为：变量　复合赋值运算符　表达式，如复合赋值运算表达式 a+=8 在程序中等价于赋值运算表达式 a=a+8。

2.2 实验 2：数据类型、C 语言运算符与表达式

2.2.1 实验目的

(1) 掌握 C 语言基本数据类型的概念。

(2) 掌握 C 语言运算符和表达式的使用。

(3) 能够将各种数学表达式转换成 C 语言表达式。

(4) 理解 C 语言的自动类型转换和强制类型转换以及赋值的概念。

2.2.2 实验内容

1. 程序示例

【程序 2.1】上机运行程序，练习整型、实型数据的使用，验证运行结果与分析的结果是否相符，并记录运行结果。

```
#include <stdio.h>
int main( )
{   int a=10,b=012,c=0xa;
    float f1=5.4321f;
    double f2=5432.1;
    printf("a=%d,b=%d,c=%d\n",a,b,c);
    printf("a=%o,b=%o,c=%o\n",a,b,c);
    printf("a=%x,b=%x,c=%x\n",a,b,c);
    printf("f1=%f,f2=%f\n",f1,f2);
    printf("f1=%e,f2=%e\n",f1,f2);
    return 0;
}
```

【程序 2.2】上机运行程序，练习整型、字符型数据的使用，验证运行结果与分析的结果是否相符，并记录运行结果。

```
#include <stdio.h>
int main ( )
{   char c1,c2;
    c1='A';
    c2=c1+32;
    printf("c1=%c,c1=%d\n",c1,c1);
    printf("c2=%c,c2=%d\n",c2,c2);
    return 0;
}
```

2. 程序阅读

【程序 2.3】在阅读并理解程序思路的基础上，练习强制类型转换运算符的使用，补充注释内容，并上机运行程序，验证运行结果与分析的结果是否相符，记录运行结果。

```
#include <stdio.h>
int main( )
```

```
{   int d;
    d=(int)((double)(3/2)+0.5+(int)1.99*2);
    printf("d=%d\n",d);
    return 0;
}
```

【程序 2.4】在阅读并理解程序思路的基础上，练习自增、自减运算符的使用，补充注释内容，并上机运行程序，验证运行结果与分析的结果是否相符，记录运行结果。

```
#include <stdio.h>
int main( )
{   int x=012,y,z;
    printf("x=%d\n",x);
    y=++x+3;
    printf("x=%d,y=%d\n",x,y);
    z=x++;
    printf("x=%d,z=%d\n",x,z);
    return 0;
}
```

3. 程序改错

【程序 2.5】程序中有 4 处错误，上机调试程序，修改有错误的语句行，并输出正确的运行结果。

第 1 句：#include<stdio.h>

第 2 句：int   main()

第 3 句：{   float x=2,y ;

第 4 句：   y=3;

第 5 句：   z=2x +y;

第 6 句：   printf("%d\n",y);

第 7 句：   printf("%f\n,z");

第 8 句：   return 0;}

4. 程序完善

【程序 2.6】上机运行程序，实现计算两个整数的商数和余数并输出结果。根据注释，填写相应语句，补充完善程序内容，并验证运行结果与分析的结果是否相符，记录运行结果。

```
#include <stdio.h>
int main( )
{   _____①_____              //定义两个 int 型变量
    a=15,b=5;                     //为两个整型变量赋值
    _____②_____              //计算并输出两个整数的商
    _____③_____              //计算并输出两个整数的余数
    return 0;
}
```

5. 程序设计

【程序 2.7】编写一个程序，实现输入任意十进制整型常量，转化成八进制和十六进制

输出。

【程序 2.8】编写一个程序，实现从键盘输入两个整数，分别输出这两个数的和、差、积、商、余数。

2.2.3 实验指导

1. 程序示例

【程序 2.1】上机运行程序，练习整型、实型数据的使用，验证运行结果与自己分析的结果是否相符，并记录运行结果。

1) 分析

(1) 语句 int a=10,b=012,c=0xa;将十进制整型常量 10 赋给整型变量 a，将八进制整型常量 012 赋给整型变量 b，将十六进制整型常量 0xa 赋给整型变量 c。

(2) 整型变量 a、b、c，以%d 格式(十进制)输出的结果都是 10，以%o 格式(八进制)输出的结果都是 12，以%x 格式(十六进制)输出的结果都是 a，说明 10、012、0xa 在计算机内存中的编码是相同的，表示的是相同值的数据，只是表现形式不同而已。

(3) 语句 float f1=5.4321f;将十进制单精度(float)实型常量 5.4321f 赋给单精度实型变量 f1；语句 double f2=5432.1;将十进制双精度(double)实型常量 5432.1 赋给双精度实型变量 f2。

(4) 实型常量有两种形式，实型变量 f1 使用%f，按十进制小数形式输出，小数点后有 6 位(对第 7 位四舍五入)，输出的结果是 5.432100；实型变量 f2 用%e，按指数形式输出，小数点前有一位非零数字，小数点后有 6 位(对第 7 位四舍五入)，输出的结果是 5.432100e+003。

2) 参考答案

此程序验证正确，程序运行结果如图 2-1 所示。

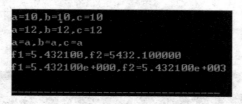

图 2-1 程序 2.1 运行结果

【程序 2.2】上机运行程序，练习整型、字符型数据的使用，验证运行结果与分析的结果是否相符，并记录运行结果。

1) 分析

(1) 语句 char c1,c2; 定义变量 c1、c2，是字符型变量(char)；语句 c1='A'; 将字符型常量'A'赋给变量 c1。语句 c2=c1+32; 表示用字符型变量 c1 的 ASCII 值(65)加 32 赋值给 c2，即计算 c2=c1+32=65+32=97，ASCII 值 97 对应的字符身份是字符'a'。

(2) 字符型数据有整型、字符型双重身份。变量 c1 以%c(字符)输出，输出结果为'A'；以%d(十进制)输出，输出结果为 65。变量 c2 以%c(字符)输出，输出结果为'a'；以%d(十进制)输出，输出结果为 97。可以看出，字母的大小写转换可以通过加减 32 来实现。

2) 参考答案

此程序验证正确，程序运行结果如图 2-2 所示。

图 2-2　程序 2.2 运行结果

2. 程序阅读

【**程序 2.3**】在阅读并理解程序思路的基础上，练习强制类型转换运算符的使用，补充注释内容，并上机运行程序，验证运行结果与分析的结果是否相符，记录运行结果。

1) 分析

(1) 除法(/)运算。若参与运算的变量均为整数，其结果也为整数，小数部分舍去，故 (3/2)=1；(double)(3/2)将(3/2)的结果强制转换成 double 类型，即(double)(3/2)=1.0。

(2) 在表达式中，优先级较高的运算符先于优先级较低的进行运算，而在一个运算量两侧的运算符优先级相同时，则按运算符的结合性所规定的方向处理。

首先(double)(3/2)+0.5=1.0+0.5=1.5，再(int)1.99*2=1*2=2，最后 int((double)(3/2)+0.5+(int)1.99*2)= int(1.0+0.5+2)=int(3.5)=3。

2) 参考答案

此程序验证正确，注释与运行结果如下。

```c
#include <stdio.h>
int main( )
{   int d;  //定义(int)整型变量 d
    d=(int)((double)(3/2)+0.5+(int)1.99*2);
    // int((double)(3/2)+0.5+(int)1.99*2)=int(1.0+0.5+2)=int(3.5)=3
    printf("d=%d\n",d);  //输出强制类型转换的整型变量 d 的值
    return 0;
}
```

程序运行结果如图 2-3 所示。

d=3

图 2-3　程序 2.3 运行结果

【**程序 2.4**】在阅读并理解程序思路的基础上，练习自增、自减运算符的使用，补充注释内容，并上机运行程序，验证运行结果与分析的结果是否相符，记录运行结果。

1) 分析

(1) 012 是一个八进制的常数，转为十进制则为 1*8+2=10；以%d 格式(十进制)输出的结果是 x=10。

(2) 前缀形式表达式 ++x 的执行顺序：先使 x 的值加 1，再参与其他运算，即先 x+1=11，后 y=x+3=11+3=14，以%d 格式(十进制)输出的结果是 x=11,y=14。

(3) 后缀形式表达式 x++的执行顺序：先让 x 参与其他运算，再使 x 的值加 1，即先 x=11,z=x=11，后 x=x+1=11+1=12，以%d 格式(十进制)输出的结果是 x=12,z=11。

2) 参考答案

此程序验证正确，注释与运行结果如下。

```
#include <stdio.h>
int main( )
{   int x=012,y,z;  //定义整型变量 x、y、z，其中 012 是一个八进制的常数
    printf("x=%d\n",x);  // 以%d 格式(十进制)输出整型(int)变量 x
    y=++x+3;              //先 x+1=11，后 y=x+3=11+3=14
    printf("x=%d,y=%d\n",x,y);  //以%d 格式(十进制)输出的结果是 x=11，y=14
    z=x++;                //先 x=11，z=x=11，后 x=x+1=11+1=12
    printf("x=%d,z=%d\n",x,z);  //以%d 格式(十进制)输出的结果是 x=12，z=11
  return  0;
}
```

程序运行结果如图 2-4 所示。

图 2-4　程序 2.4 运行结果

3. 程序改错

【程序 2.5】 程序中有 4 处错误，上机调试程序，修改有错误的语句行，并输出正确的运行结果。

1) 分析

(1) 语法错误，所用变量必须先定义后使用，第 5 句中变量 z 未定义，需在第 3 句中增加定义变量 z，修改为 float x=2,y,z ;。

(2) 语法错误，C 语句中乘号(*)不能省略，第 5 句中 z=2x +y;需修改为 z=2*x +y;。

(3) 语法错误，程序中 3 个变量都是实型(float)变量，故第 6 句 printf("%d\n",y); 需修改为 printf("%f\n",y);。

(4) 语法错误，格式输出函数 printf()的一般格式为 printf ("输出格式", 输出参数表列);，故第 7 句 printf("%f\n,z"); 需修改为 printf("%f\n",z);。

2) 参考答案

(1) 第 3 句：float x=2,y ; 改成：float x=2,y,z ;。

(2) 第 5 句：z=2x +y; 改成：z=2*x +y;。

(3) 第 6 句：printf("%d\n",y); 改成：printf("%f\n",z);。

(4) 第 7 句：printf("%f\n,z"); 改成：printf("%f\n",z);。

此程序验证正确，注释与运行结果如下。

```
#include <stdio.h>
int  main()
{   float x=2,y,z ;
    y=3;
    z=2*x +y;
    printf("%f\n",y);
```

```
        printf("%f\n",z);
        return 0;
}
```

程序运行结果如图 2-5 所示。

```
3.000000
7.000000
```

图 2-5 程序 2.5 运行结果

4. 程序完善

【程序 2.6】上机运行程序，实现计算两个整数的商数和余数并输出结果。根据注释填写相应语句，补充完善程序内容，并验证运行结果与分析的结果是否相符，记录运行结果。

1) 分析

(1) 第 1 条语句的注释是定义两个 int 型变量，变量名可以自己命名，遵循标识符命名原则。但第 2 条语句 a=15,b=5;为两个整型变量赋值告诉读者两个 int 型变量是变量 a 和变量 b，因此，第 1 条语句答案为 int a,b;，即定义两个 int 型变量 a 和 b。

(2) 计算两个整数的商数，如表达式 a/b；计算两个整数的余数，如表达式 a%b；计算并输出要求将表达式写进输出函数 printf，如 printf("两个整数的商数=%d\n", a/b); printf("两个整数的余数=%d\n", a%b);。

2) 参考答案

① int a,b;

② printf("两个整数的商数=%d\n",a/b);

③ printf("两个整数的余数=%d\n",a%b);

此程序验证正确，注释与运行结果如下。

```
#include <stdio.h>
int main( )
{   int a,b;                                    //定义两个 int 整型变量
    a=15,b=5;                                   //为两个整型变量赋值
    printf("两个整数的商数=%d\n",a/b);            //计算并输出两个整数的商数
    printf("两个整数的余数=%d\n",a%b);            //计算并输出两个整数的余数
    return 0;
}
```

程序运行结果如图 2-6 所示。

图 2-6 程序 2.6 运行结果

5. 程序设计

【程序 2.7】编写一个程序，实现输入任意十进制整型常量，转化成八进制和十六进制

输出。

1) 分析

(1) 此程序参照程序 2.1 完成，由格式输入函数 scanf()和输出函数 printf()组成。

(2) 格式输入函数 scanf()的一般格式：scanf("输入格式",输入参数地址表列)。

通过 scanf("a=%d",&a);语句，从键盘输入 a=12 相当于赋值语句，即将十进制整型常量 12 赋给变量 a。

(3) 格式输出函数 printf()的一般格式：printf("输出格式",输出参数表列)。

通过 printf("十进制=%d,八进制=%o,十六进制=%x\n",a,a,a);语句，以%d(十进制)、%o(八进制)、%x(十六进制)格式输出整型变量 a。十进制整型常量 12 用八进制输出为 14，用十六进制输出为 c。

2) 参考答案

程序代码如下：

```c
#include <stdio.h>
int main( )
{   int a;                         //定义 int 整型变量 a
    scanf("a=%d",&a);              //以%d 格式(十进制)输入整型变量 a
    //以%d(十进制)、%o(八进制)、%x(十六进制)格式输出整型变量 a
    printf("十进制=%d,八进制=%o,十六进制=%x\n",a,a,a);
    return 0;
}
```

程序运行结果如图 2-7 所示。

图 2-7　程序 2.7 运行结果

【程序 2.8】编写一个程序，实现从键盘输入两个整数，分别输出这两个数的和、差、积、商、余数。

1) 分析

(1) 此程序参照程序 2.6 完成，由格式输入函数 scanf()和输出函数 printf()组成。

(2) 通过调用 scanf()函数读取从键盘输入的两个数，通过调用 printf()函数分别输出两个数的和、差、积、商、余数。

(3) 注意，printf("商: %d\n", num1/num2);语句输出两个数的商，除数不能为 0，如果为 0，程序会因异常而终止。如果想提示说明，要用到后面章节的选择结构来完善。

(4) 注意，printf("商:%8.2f\n", (float)num1 / (float)num2);语句输出余数，要将 num1 与 num2 转换为 float 类型再进行除运算，结果以%f 格式输出；表达式 "%8.2f" 中的 ".2" 表示取小数点后两位有效数字，结果为 2.50。否则 num1 / num2 中整数/整数=整数，结果为整数，就不准确了。

2) 参考答案

程序代码如下：

```
#include <stdio.h>
int main( )
{   int num1, num2;   //定义 int 型变量 num1 和 num2
    printf ("请输入两个整数: \n");
    scanf ("%d%d", &num1, &num2);           //从键盘输入两个整数
    printf("和: %d\n",num1+num2);           //输出了两个数的和
    printf("差: %d\n",num1-num2);           //输出了两个数的差
    printf ("积: %d\n", num1*num2);         //输出了两个数的积
    printf("商: %d\n", num1/num2);          //输出了两个数的商，注意除数不能为 0
    printf("商: %8.2f\n", (float)num1 / (float)num2);
    //输出了余数，注意强制类型转换
    printf("余: %d\n", num1%num2);
    return 0;
}
```

程序运行结果如图 2-8 所示。

图 2-8   程序 2.8 运行结果

2.3   本章实验复习小结

1. 实验复习

C 语言允许使用的数据类型有整型、实型、字符型、枚举类型、空类型、派生类型。根据数据类型的不同，变量可分为整型变量、实型变量、字符型变量等；常量可分为整型常量、实型常量、字符常量、字符串常量等。

标识符是用来标识变量、常量、函数等的字符序列，只能由字母、数字、下画线组成，且第一个字符必须是字母或下画线。变量的数据类型是可以转换的，转换的方法有自动转换和强制转换两种。

算术运算符主要用于各类数值运算，包括取正值(+)、取负值(-)、加(+)、减(-)、乘(*)、除(/)、求余(或称模运算，%)。自增、自减运算符可用在操作数的前面(前缀形式)，如++i、--i；也可用在操作数的后面(后缀形式)，如 i++、i--。赋值运算符用于赋值运算，分为简单赋值(=)、复合算术赋值(+=,-=,*=,/=,%=)和复合位运算赋值(&=,|=,^=,>>=,<<=)3 类共 21 种。

在表达式中，优先级较高的运算符先于优先级较低的进行运算。而一个运算量两侧的运算符优先级相同时，则按运算符的结合性所规定的方向处理。

思考：简单总结 C 语言程序的结构和书写规则；你在上机过程中主要遇到了哪些问题？如何解决的？

2. 实验小结

实验完成 内容记录	
实验易错点 记录	
实验收获	
实验成绩	
指导老师实验 评语	

第 3 章　顺序结构程序设计

3.1　本章预习知识点

1. 五种基本的 C 语言语句

(1) 程序流程控制语句。有 if…else、for、while、do…while、switch、goto、continue、break、return，共 9 种。

(2) 表达式语句。表达式语句是由任意表达式末尾加上分号组成的。

(3) 函数调用语句。函数调用语句的结构是函数名(参数列表)。

(4) 空语句。空语句就是一个分号，表示什么也不做。

(5) 复合语句。复合语句是由花括号({})括起来的若干语句组成的。

2. 有关数据输入输出的概念

几乎每一个 C 程序都包含输入输出，输入输出是程序中最基本的操作之一。所谓输入输出是以计算机主机为主体而言的。从计算机向输出设备(如显示器、打印机等)输出数据称为输出；从输入设备(如键盘、磁盘、光盘、扫描仪等)向计算机输入数据称为输入。

C 语言本身不提供输入输出语句，输入和输出操作是用 C 标准函数库中的函数来实现的。因此，要使用各种输入输出函数时，需在程序文件的开头引用预编译指令#include <stdio.h> 或者#include "stdio.h"。

本章讲到的字符输出函数 putchar()、字符输入函数 getchar()、格式输出函数 printf()、格式输入函数 scanf()都包含在 stdio.h 文件中。

3. 用格式输出函数 printf()输出数据

格式输出函数 printf()的一般格式：

```
printf ("输出格式", 输出参数表列);
```

输出参数表列中的每个数据项按对应的输出格式要求输出，输出数据项的个数要与输出格式中的格式符个数相同。

输出参数表列也可以省略，原样输出字符和转义字符。

输出格式由原样输出字符、转义字符、输出格式说明组成。原样输出字符由可输出的字符组成，包括文本字符和空格。原样输出字符的输出效果与其自身的显示相同。转义字符是以“\”开头的字符，不是原样输出，而是按控制含义输出。输出格式说明由“%”与不同的格式字符(输出附加格式说明符和输出格式说明符)组成，用来说明各输出项的数据类型、长度和小数点位数等。

4. 输出格式说明

输出格式说明的一般格式：

%　[输出附加格式说明符]　输出格式说明符

输出附加格式说明符见表 3-1。

表 3-1　输出附加格式说明符

附加格式说明符	含　义
L	用于长整型和长双精度实型数据，可加在格式字符 d、o、x、u、f 的前面
m(正整数)	数据输出的最小宽度
n(正整数)	对于实数，表示输出 n 位小数；对于字符串，表示截取的字符个数
-	输出的数字或字符在域内向左靠，右边填空格
#	当整数以八进制或十六进制形式输出时，输出前缀，可加在格式字符 o、x 的前面

输出格式说明符见表 3-2。

表 3-2　输出格式说明符

数据类型	格式说明符	含　义
整型数据	d 或 i	表示以十进制形式输出一个带符号的整数
	o	表示以八进制形式输出一个无符号的整数
	X, x	表示以十六进制形式输出一个无符号的整数
	u	表示以十进制形式输出一个无符号的整数
实型数据	f	表示以小数形式输出带符号的实数(包括单、双精度)
	E, e	表示以指数形式输出带符号的实数
	G, g	表示选择%f 或%e 格式输出实数(选择占宽度较小的一种)
字符型数据	c	表示输出一个单字符
	s	表示输出一个字符串

5. 用格式输入函数 scanf()输入数据

格式输入函数 scanf()的一般格式：

scanf ("输入格式"，输入参数地址表列)

输入参数地址表列使用变量的指针(地址)。使用输入函数 scanf()时，输入参数地址表列应遵循以下两条规则。

(1) 如果要读取基本数据类型变量的值，应在变量名前输入&符。

(2) 当读取指针变量指向的值时，如数组变量等，在变量名前不能使用&符。

输入格式说明的一般格式：

%　[输入附加格式说明符]　输入格式说明符

输入附加格式说明符见表 3-3。

表 3-3 输入附加格式说明符

附加格式说明符	含 义
l	用于输入长整型和双精度实型数据，可加在格式字符 d、o、x、u、f、e 的前面
h	用于输入短整型数据
m(正整数)	域宽，指定输入数据所占的宽度
*	表示本输入项读入后不赋给任何变量，即跳过该输入值

输入格式说明符见表 3-4。

表 3-4 输入格式说明符

数据类型	格式说明符	含 义
整型 数据	d, i	以十进制形式输入有符号整数
	o	以八进制形式输入无符号整数
	x, X	以十六进制形式输入无符号整数
	u	以十进制形式输入无符号整数
实型 数据	f	以小数形式或指数形式输入实数
	e, E, g, G	同 f，它们之间可以互换
字符型 数据	c	输入单个字符
	s	输入字符串

6. 使用 scanf()函数时应注意的问题

(1) 如果在"输入格式"字符串中除了格式说明符以外还有其他字符，则输入数据时应在对应位置输入与这些字符相同的字符。

(2) 在用"%c"格式输入字符时，空格字符和"转义字符"都作为有效字符输入。

(3) 输入数据时，遇到以下情况可认为该数据结束。

① 遇到空格，或按 Enter 键或 Tab 键结束。

② 按指定的宽度结束，如"%2d"，只取 2 列。

③ 遇非法字符(不属于数值的字符)结束。

7. 用字符输出函数 putchar()输出字符

字符输出函数 putchar()的功能是从计算机向输出设备(显示器)输出一个字符。

putchar 函数的基本格式为 putchar(c);，即将指定参数 c 的值所对应的字符输出到标准输出终端上。参数 c 可以是字符型或整型的常量、变量或表达式，每次只能输出一个字符。

8. 用字符输入函数 getchar()输入字符

字符输入函数 getchar()的功能是从输入设备(键盘)向计算机输入一个字符。

getchar 函数的基本格式为 getchar();，即从键盘读取数据，且每次只能读一个字符。当程序调用 getchar()时，程序就等着用户输入字符，输入的字符被存放在键盘缓冲区中，直到用户按 Enter 键为止。getchar()函数不带参数，但仍然必须带括号。

9. 顺序结构程序的设计步骤

顺序结构程序是三种基本结构中最简单的，只要按照解决问题的顺序写出相应的语句即可。它的执行顺序是自上而下，依次执行。顺序结构程序的设计分以下 5 步完成。

第 1 步：分析程序的输入量、输出量。

第 2 步：确定输入、输出的变量(命名、类型、格式)。

第 3 步：确定输入、输出的算法。

第 4 步：模块化编程。

第 5 步：调试程序。

【融入思政元素】

通过学习顺序结构程序设计步骤，使学生明白做事要有轻重缓急，先做重要和紧急的事情。同时培养学生做任何事都要有个度，即情感、情绪、理智处于平衡状态，不要过犹不及。

10. 顺序结构程序的语法结构

```c
#include <stdio.h>
int main( )
{   声明所有(输入输出)变量;
    输入语句;
    ……
    输出语句;
    return 0;
}
```

3.2　实验 3：顺序结构程序设计

3.2.1　实验目的

(1) 掌握顺序结构程序设计的基本方法。

(2) 掌握不同类型变量的定义及使用。

(3) 掌握 C 语言中各种数据的输入/输出方法，能正确使用各种格式符。

(4) 能够编写、调试和修改简单的顺序结构程序。

3.2.2　实验内容

1. 程序示例

【程序 3.1】上机运行下面的程序，验证运行结果与分析的结果是否相符，并记录运行结果。

```c
#include <stdio.h>
int main( )
{   putchar(getchar()+1);
    putchar(getchar()+1);
```

```
putchar(getchar()+1);
putchar('\n');
return 0;
}
```

2. 程序阅读

【**程序 3.2**】在阅读并理解程序思路的基础上，说明程序功能，补充注释内容，上机运行程序，验证运行结果与分析的结果是否相符，并记录运行结果。

```
#include <stdio.h>
int main( )
{ float a, b, c;
  scanf("a=%f,b=%f",&a, &b);
  c=a;
  a=b;
  b=c;
  printf("a=%f,b=%f\n",a, b);
  return 0;
}
```

3. 程序改错

【**程序 3.3**】程序中有 4 处错误，上机调试程序，修改有错误的语句行，并输出正确的运行结果。

```
# include <stdio.c>
int mian( )
{ char c1, c2;
  c1=97;
  c2=98;
  print("%c %c\n", c1-32, c2-32);
  printf('%d %d\n', c1;c2);
  return 0;
}
```

4. 程序完善

【**程序 3.4**】阅读程序，用 scanf()函数输入数据，考虑在键盘上如何输入，才能输出 a=1，b=2，x=3.5，y=67.89，c1='A'，c2='b'，并将程序补充完整。验证运行结果与分析的结果是否相符，并记录运行结果。

```
# include <stdio.h>
int main( )
{ int a,b;
  float x,y;
  char c1,c2;
  scanf("a=%d,b=%d",&a,&b);
  scanf("%f%e", &x, &y);
  scanf("%c%c",&c1,&c2);
  _____        //输出结果
}
```

5. 程序设计

【程序 3.5】 编写一个程序，实现输入矩形的两个边长，求其面积和周长。

【程序 3.6】 编写一个程序，实现输入一个华氏温度 f，要求输出摄氏温度 c。

二者间的转换公式为 $c = \dfrac{5}{9}(f-32)$，输出取 2 位小数。

【程序 3.7】 编写一个程序，实现输入任意的 3 个数，求它们的和及平均值。

【程序 3.8】 编写一个程序，实现输入任意大写字母，转化为小写字母输出，要求分别用字符输入输出函数和格式输入输出函数完成。(选做)

3.2.3 实验指导

1. 程序示例

【程序 3.1】 上机运行程序，验证运行结果与自己预习分析的结果是否相符，并记录运行结果。

1) 分析

(1) 此程序实现用输入字母后面的字母代替输入的字母，如字母 A 后面的字母是 B。

(2) 语句 putchar(getchar());的意思就是输入一个什么字符就输出一个什么字符。因此，putchar(getchar()+1);可以实现输入一个字符后，输出这个字符后面的字符。

2) 参考答案

此程序验证正确，程序运行结果如图 3-1 所示。

图 3-1 程序 3.1 运行结果

2. 程序阅读

【程序 3.2】 在阅读并理解程序思路的基础上，说明程序功能，补充注释内容，上机运行程序，验证运行结果与分析的结果是否相符，并记录运行结果。

1) 分析

(1) 此程序实现从键盘输入 a、b 的值，然后完成这两个数的交换。

(2) 利用日常生活中交换 2 瓶水的原理来实现两个数的交换。即利用 1 个空瓶 c 来完成交换。因此，程序中定义了中间辅助变量 c 和输入、输出变量 a、b 共 3 个变量。

(3) 语句 float a, b, c;定义 3 个实型变量；语句 scanf("a=%f,b=%f",&a, &b);输入交换前的 2 个变量；语句 printf("a=%f,b=%f\n",a, b);输出交换后的 2 个变量。

(4) 交换 a,b 的值分 3 步：语句 c=a;将 a 的值赋给 c，则 c=36.7；语句 a=b;将 b 的值赋给 a，即 a=89.3；语句 b=c;将 c 的值赋给 b，即 b=89.3。

2) 参考答案

此程序验证正确，注释与运行结果如下。

```
#include <stdio.h>
int main( )
{ float a, b, c;
  scanf("a=%f,b=%f",&a, &b);      //要求输入交换前变量 a、b 的值
  c=a;                            //交换 a、b 的值第 1 步，将 a 的值赋给 c
  a=b;                            //交换 a、b 的值第 2 步，将 b 的值赋给 a
  b=c;                            //交换 a、b 的值第 3 步，将 c 的值赋给 b
  printf("a=%f,b=%f\n",a, b);     //输出交换后变量 a、b 的值
  return 0;
  }
```

程序运行结果如图 3-2 所示。

```
a=36.7,b=89.3
a=89.300003,b=36.700001
```

图 3-2　程序 3.2 运行结果

3. 程序改错

【程序 3.3】 程序中有 5 处错误，上机调试程序，修改有错误的语句行，并输出正确的运行结果。

1) 分析

(1) 此程序实现了小写字母转化成大写字母的功能，大小写字母的 ASCII 值相差 32。

(2) 字符型数据有整型、字符型双重身份，变量 c1 以%c(字符)输出，输出结果为'a'；以%d(十进制)输出，输出结果为 97；变量 c2 以%c(字符)输出，输出结果为'b'，以%d(十进制)输出，输出结果为 98。

(3) 输出参数表列中列出了所有要输出的数据项，各数据项之间用逗号分隔，输出的数据项可以是常量、变量、表达式和函数等。因此语句 printf("%c %c\n", c1-32, c2-32);，先计算 c1-32=65(字母 A)，c2-32=66(字母 B)，再输出字符变量 c1、c2。

2) 参考答案

此程序共有 4 处错误：

① 第 1 句：# include<stdio.c> 改成#include<stdio.h>。

② 第 2 句：int mian() 改成 int main()。

③ 第 6 句：print("%c %c\n", c1-32, c2-32) 改成 printf("%c %c\n", c1-32, c2-32);。

④ 第 7 句：printf('%d %d\n', c1;c2) 改成 printf("%d %d\n", c1,c2)。

程序验证正确，改后程序如下：

```
# include <stdio.h>
int main( )
{  char c1, c2; //定义字符变量 c1、c2
   c1=97;
   c2=98;
   printf("%c %c\n", c1-32, c2-32);//计算 c1-32=65(字母 A)，c2-32=66(字母 B)
   printf("%d %d\n", c1, c2);     //输出字符变量 c1、c2
   return 0;
}
```

改完后程序运行结果如图 3-3 所示。

图 3-3　程序 3.3 运行结果

4. 程序完善

【程序 3.4】阅读程序，用 scanf 函数输入数据，考虑在键盘上如何输入，才能输出 a=1，b=2，x=3.5，y=67.89，c1='A'，c2='b'，并将程序补充完整。验证运行结果与分析的结果是否相符，并记录运行结果。

1) 分析

(1) 如果输入格式字符串中除了格式说明符以外还有其他字符，则输入数据时应在对应位置输入与这些字符相同的字符，如语句 scanf("a=%d,b=%d",&a,&b);需输入 a=1,b=2。

(2) 输入数据时，如遇空格，按 Enter 键或 Tab 键时则认为该输入结束。如语句 scanf("%f%e",&x,&y); 需输入 3.5(空格)67.89(空格)。

(3) 在用 "%c" 格式输入字符时，空格字符和转义字符都作为有效字符输入。如语句 scanf("%c%c",&c1,&c2); 需输入 Ab，中间不能有空格。

(4) 整型变量 a、b 用%d 以十进制形式输出一个整数，实型变量 x、y 用%f 以小数形式输出一个小数，字符变量 c1、c2 用%c 以字符形式输出一个单字符。因此，补充输出语句 printf("a=%d,b=%d,x=%f,y=%f,c1=%c,c2=%c",a,b,x,y,c1,c2);。

2) 参考答案

要求从键盘上输入 "a=1,b=2□3.5□67.89Ab" (□表示空格)。

```
printf("a=%d,b=%d,x=%f,y=%f,c1=%c,c2=%c\n",a,b,x,y,c1,c2);     //输出结果
```

程序验证正确，完整程序如下：

```
# include <stdio.h>
int main( )
{  int a,b;                       //定义整型变量 a、b
   float x,y;                     //定义实型变量 x、y
   char c1,c2;                    //定义字符变量 c1、c2
   scanf("a=%d,b=%d",&a,&b);      //键盘输入 a、b 的值
   scanf("%f%e",&x,&y);           //键盘输入 x、y 的值
   scanf("%c%c",&c1,&c2);         // 键盘输入 c1、c2 的值
   printf("a=%d,b=%d,x=%f,y=%f,c1=%c,c2=%c\n",a,b,x,y,c1,c2);     //输出结果
}
```

程序运行结果如图 3-4 所示。

```
a=1,b=2 3.5 67.89Ab
a=1,b=2, x=3.500000,y=67.889999,c1=A,c2=b
```

图 3-4　程序 3.4 运行结果

5. 程序设计

【程序 3.5】编写一个程序，实现输入矩形的两个边长，求其面积和周长。

1) 分析

(1) 先分析出程序的输入量有 x、y 变量，表示矩形的两个边长，输出量有 m 变量，表示矩形的面积，有 z 变量，表示程序的周长；再确定输入、输出的变量为实型变量，确定输入、输出的算法为 m=x*y;z=2*x+2*y;；最后进行模块化编程。

(2) 语句 scanf("x=%f,y=%f",&x,&y);输入矩形的两个边长，语句 m=x*y; z=2*x+2*y;计算其面积和周长，语句 printf("m=%f,z=%f\n",m,z);输出矩形的面积和周长。

2) 参考答案

程序代码如下：

```c
# include <stdio.h>
int main( )
{  float x,y,m,z;
   scanf("x=%f,y=%f",&x,&y);
   m=x*y;
   z=2*x+2*y;
   printf("m=%f,z=%f\n",m,z);
   return 0;
}
```

程序运行结果如图 3-5 所示。

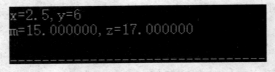

图 3-5　程序 3.5 运行结果

【程序 3.6】编写一个程序，实现输入一个华氏温度 f，要求输出摄氏温度 c。

二者间的转换公式为 $c = \dfrac{5}{9}(f-32)$，输出取 2 位小数。

1) 分析

(1) 先分析出程序的输入量有 f 变量，表示华氏温度，输出量有 c 变量，表示摄氏温度；再确定输入、输出的变量为实型变量，输入、输出的算法为 c=(5.0/9)*(f-32);；最后进行模块化编程。

(2) 语句 scanf("f=%f",f); 输入华氏温度，语句 printf("f=%f\nc=%f\n",f,c);输出华氏温度 f 和摄氏温度 c。

(3) 语句 c=(5.0/9)*(f-32);计算摄氏温度，不能写成 c=(5/9)*(f-32);，因为参与除法运算的变量均为整数时，其结果也为整数，小数部分会舍去，即 5/9=0。

2) 参考答案

程序代码如下：

```c
#include <stdio.h>
int main ( )
```

```
{ float f,c;                   // 定义 f 和 c 为单精度浮点型变量
  scanf("f=%f",&f);            // 输入 f 的值
  c=(5.0/9)*(f-32);            // 利用公式计算 c 的值
  printf("f=%f\nc=%f\n",f,c);  // 输出 c 的值
  return 0;
}
```

程序运行结果如图 3-6 所示。

图 3-6　程序 3.6 运行结果

【程序 3.7】编写一个程序，实现输入任意的 3 个数，求它们的和及平均值。

1) 分析

(1) 先分析出程序的输入量有 a、b、c 变量，表示 3 个数，输出量有 sum 变量，表示它们的和，有 avg 变量，表示平均数；再确定输入的变量为整型变量，输出的 sum 为整型变量，avg 为实型变量；确定输入、输出的算法为 sum=a+b+c; avg=sum/3.0;；最后进行模块化编程。

(2) 语句 scanf("a=%d,b=%d,c=%d",&a,&b,&c); 输入任意的 3 个整数；语句 printf("sum=%d,avg=%f\n",sum,avg); 输出它们的和及平均值。

(3) 语句 sum=a+b+c;求它们的和，和为整数；语句 avg=sum/3.0; 求它们的平均数，平均数为小数；参照程序设计 3.6，因为变量 sum 定义为整型数据，则语句为 avg=sum/3.0;，若变量 sum 定义为实型数据，则语句可以写成 avg=sum/3;。

2) 参考答案

程序代码如下：

```
#include <stdio.h>
int main ( )
 { int a,b,c,sum;
   float avg;
   scanf("a=%d,b=%d,c=%d",&a,&b,&c);
   sum=a+b+c;
   avg=sum/3.0;
   printf("sum=%d,avg=%f\n",sum,avg);
   return 0;
}
```

程序运行结果如图 3-7 所示。

图 3-7　程序 3.7 运行结果

【程序 3.8】编写一个程序，实现将输入的任意大写字母转化为小写字母输出，要求分

别用字符输入输出函数和格式输入输出函数完成。

1) 分析

大小写字母的 ASCII 值相差 32。字符输入函数 getchar()和字符输出函数 putchar()、格式输入函数 scanf()和输出函数 printf()都可完成该程序。

2) 参考答案

程序代码如下。

方法一：用格式输入输出函数完成。

```c
#include <stdio.h>
int main ( )
{  char x;
   scanf("%c",&x);
   printf("%c\n",x+32);
   return 0;
}
```

方法二：用字符输入输出函数完成。

```c
#include <stdio.h>
int main ( )
{  char x;
   x=getchar();
   putchar(x+32);
   putchar('\n');
   return 0;
}
```

程序运行结果如图 3-8 所示。

图 3-8   程序 3.8 运行结果

3.3   本章实验复习小结

1. 实验复习

C 语言提供了多种语句来实现顺序结构、分支结构、循环结构三种基本结构。C 语句可分为程序流程控制语句、函数调用语句、表达式语句、空语句、复合语句共 5 种。

字符输出函数 putchar()、字符输入函数 getchar()、格式输出函数 printf()、格式输入函数 scanf()都包含在 stdio.h 文件中。若要使用这些输入输出函数，则需在程序文件的开头引用预编译指令#include <stdio.h> 或者#include "stdio.h"。

顺序结构程序设计是三种基本结构中最简单的，只要按照解决问题的顺序写出相应的语句即可。它的执行顺序是自上而下，依次执行。

顺序结构程序的设计分为分析程序的输入量、输出量，确定输入、输出的变量(命名、类型、格式)，确定输入、输出的算法，模块化编程，调试程序共 5 步。

顺序结构程序的语法结构总结如下：

```
#include <stdio.h>
int main( )
{   声明所有(输入输出)变量;
    输入语句;
    …
    输出语句;
    return 0;
}
```

本次实验反思：简要小结一下自己学习 C 语言的情况主要存在哪些问题，什么原因？是否按老师的要求做了课前预习和课后复习？对老师的教学有什么建议？

2. 实验小结

实验完成 内容记录	
实验易错点 记录	
实验收获	
实验成绩	
指导老师实验 评语	

第4章 选择结构程序设计

4.1 本章预习知识点

1. 关系运算符与关系表达式

在程序中经常需要比较两个量的大小关系，即将两个数据进行比较，关系运算就是比较两个量的大小关系。

1) 关系运算符及其优先级

C 语言中提供了 6 种关系运算符，关系运算符及其优先级见表 4-1。

表 4-1　C 语言中的关系运算符及其优先级

运　算　符	含　　义	优　先　级
>	大于	(4 个运算符优先级相同)高
<	小于	
>=	大于等于	
<=	小于等于	
==	等于	(2 个优先级相同)低
!=	不等于	

在表 4-1 中，前 4 个关系运算符的优先级相同，后 2 个关系运算符的优先级相同，前 4 个关系运算符的优先级高于后 2 个关系运算符的优先级。

2) 关系表达式

关系表达式是用关系运算符将两个表达式连接起来进行关系运算的式子。被连接的表达式可以是算术表达式、关系表达式、逻辑表达式、赋值表达式或字符表达式等。

关系运算的结果是整数值 0 或者 1。在 C 语言中，没有专门的"逻辑值"，而是用 0 代表"假"，用 1 代表"真"。

2. 逻辑运算符与逻辑表达式

在编程过程中，常常需要表示出由几个简单条件组成的复合条件，这就需要用到逻辑运算符。

1) 逻辑运算符及其优先级

C 语言提供了 3 种逻辑运算符，分别为&&(逻辑与)、||(逻辑或)、!(逻辑非)。C 语言没有逻辑类型的数据，在进行逻辑判断时，认为非 0 的值即为真，0 即为假。由于 C 语言是依据数据的值是否为 0 来判断真假的，所以逻辑运算的操作数可以是整型、字符型或浮点型等任意类型。

(1) 逻辑与(&&)。逻辑与的运算符是&&，属于双目运算符(即运算符的左右两边均有操作数)。其运算规则为：当&&左右两边的操作数均为非 0(逻辑真)时，结果才为 1(逻辑真)，否则为 0(逻辑假)。

(2) 逻辑或(‖)。逻辑或的运算符是‖，属于双目运算符。其运算规则为：当‖左右两边的操作数有一个为非 0(逻辑真)时，运算结果就为 1(逻辑真)，否则为 0(逻辑假)。

(3) 逻辑非(!)。逻辑非的运算符是!，属于单目运算符，只有左边有一个操作数。其运算规则为：当! 左边的操作数为 1(逻辑真)时，逻辑非运算的结果为 0(逻辑假)；当! 左边的操作数为 0(逻辑假)时，逻辑非运算的结果为 1(逻辑真)。

上述 3 种逻辑运算符的优先级次序是：! (逻辑非)级别最高，&&(逻辑与)次之，‖(逻辑或)最低。

逻辑运算符与赋值运算符、算术运算符、关系运算符之间从低到高的运算优先次序是：

```
! (逻辑非)        ↑  高
算术运算符
关系运算符
&&(逻辑与)
‖(逻辑非)
赋值运算符       |  低
```

2) 逻辑表达式

用逻辑运算符将关系表达式或逻辑量连接起来的式子称为逻辑表达式。C 语言编译系统在给出逻辑运算结果时，以数字 1 表示"真"，以数字 0 表示"假"，但在判断一个量是否为"真"时，以 0 表示"假"，以非 0 表示"真"。

可以将逻辑表达式的运算结果(0 或 1)赋给整型变量或字符型变量。

在使用逻辑表达式时，应注意以下几点：

(1) C 语言逻辑运算符的运算方向是自左向右的；

(2) 在用&&运算符相连的表达式中，从左向右进行计算时，若遇到运算符左边的操作数为 0(逻辑假)，则停止运算，因为此时可以判定逻辑表达式结果为假；

(3) 在用‖运算符相连的表达式中，从左至右进行计算时，若遇到运算符左边的操作数为 1(逻辑真)，则停止运算，因为此时可以断定逻辑表达式结果为真。

【融入思政元素】

通过运算符优先级的学习，使同学们明白做事要有轻重缓急，先做重要和紧急的事情。

3. 条件运算符与条件表达式

C 语言中有一个唯一的三目运算符——条件运算符，条件运算符用"?"和":"来表示。用条件运算符"?"和":"把 3 个运算对象连接起来就构成了条件表达式。条件表达式的一般形式为：

表达式 1?表达式 2:表达式 3

使用条件表达式时应注意如下问题：

(1) 条件运算符中的"?"和":"是成对出现的，不能单独使用。

(2) 条件运算符的运算方向是自右向左的(即右结合性)。

(3) 条件运算符的优先级低于算术运算符和关系运算符，但高于赋值运算符。

【融入思政元素】

通过条件语句的训练,使同学们养成良好的逻辑性,同时也通过条件语句教育学生,在生活中"鱼和熊掌不可兼得"的道理,不要做违背社会公德的事,也不做违法乱纪的事。

4. if 语句

if 语句有 3 种形式,分别是单分支 if 语句、双分支 if 语句和多分支 if 语句。

1) 单分支 if 语句

单分支 if 语句的形式如下:

```
if(表达式) 语句;
```

单分支 if 语句的执行过程:当表达式的值为非 0(逻辑真)时,执行其后的语句;否则不执行该语句。

2) 双分支 if 语句

双分支 if 语句的形式如下:

```
if(表达式1) 语句1;
else 语句2;
```

双分支 if 语句的执行过程:当表达式 1 的值为非 0(逻辑真)时,执行语句 1;否则执行语句 2。

3) 多分支 if 语句

多分支 if 语句适用于有 3 个或 3 个以上的分支选择的情况,一般形式如下:

```
if(表达式1)     语句1;
else if(表达式2)    语句2;
else if(表达式3)    语句3;
……
else if(表达式n)    语句n;
else      语句m;
```

多分支 if 语句的执行过程:当表达式 1 的值为非 0(逻辑真)时,执行语句 1;若表达式 1 的值为 0(逻辑假),再判断表达式 2 的值是否为非 0(逻辑真),若表达式 2 的值为真,执行语句 2;若表达式 2 的值为假,再判断表达式 3 的值是否为真,若表达式 3 的值为真,则执行语句 3;以此类推,若所有表达式的值都为假,则执行语句 m。

【融入思政元素】

通过选择结构的案例,教导学生面临多种选择时要慎重,承担抉择之后带来的后果,不要患得患失。当个人利益与国家利益相冲突时,勇于战胜自我,以国家利益为重。

5. if 语句的嵌套

if 语句中另包含一个或多个 if 语句称为 if 语句的嵌套。

学习 if 语句的嵌套要注意以下几个问题。

(1) 在 if 语句的嵌套结构中,应注意 if 与 else 的配对规则,else 总是与它最近的还没有配对的 if 相匹配。如果忽略了 else 与 if 配对,就会发生逻辑上的错误。

(2) 在 if 语句的嵌套结构中,if 与 else 匹配后,只能形成嵌套结构,不能形成交叉结构。

6. switch 语句

C 语言还提供了另一种表达多分支选择结构的 switch 语句。switch 语句可以根据 switch 后表达式的多种值，对应 case 表示的多个分支，switch 语句又称为开关语句。

switch 语句的一般形式如下：

```
switch(表达式)
  { case 常量1: 语句1; break;
    case 常量2: 语句2; break;
    case 常量3: 语句3; break;
    ……
    case 常量n: 语句n; break;
    default: 语句n+1; break;
  }
```

switch 语句的执行过程：首先对 switch 后的表达式进行计算，用得到的值依次与 case 后面的常量值进行比较，当与某个 case 后面的常量值相等时，就执行此 case 后的语句块，当执行到 break 语句时就跳出 switch 语句，转向执行 switch 语句后面的语句。

使用 switch 语句时应注意以下几点。

(1) switch 后的表达式必须为整型或字符型，不应为关系表达式或逻辑表达式。

(2) 各 case 常量与 switch 后表达式的数据类型应保持一致。

(3) 在同一个 switch 语句中，不允许 case 常量的值有重复，否则会出现矛盾的结果。

(4) switch 以匹配的 case 常量值作为入口，当执行完一个 case 语句后，为了不再执行后面的 case 语句内容，可以使用 break 语句跳出 switch 结构。若没有与 switch 表达式相匹配的 case 常量，则流程转去执行 default 后的语句。

(5) 可以没有 default 标号，此时若没有与 switch 表达式相匹配的 case 常量，则不执行 switch 结构中的任何语句，流程直接转到 switch 语句的下一个语句执行。

(6) 各个 case 及 default 子句出现的先后次序不影响程序的执行结果。

(7) 多个 case 子句可以共同执行一组语句。

【融入思政元素】

通过条件算法流程图的讲解，引导学生做一个处事有条理的人，懂得按照计划和顺序来做事情，懂得统筹管理，节约时间，提高效率。

4.2 实验 4：选择结构程序设计(1)

4.2.1 实验目的

(1) 正确使用关系表达式和逻辑表达式，熟练使用输入和输出语句。

(2) 熟练使用 if 语句，能够正确使用 if 语句和 if 语句的嵌套来编写选择结构程序，并正确理解程序的执行流程。

(3) 能够熟练运用选择结构进行综合编程。

4.2.2　实验内容

1. 程序示例

【程序 4.1】 编程从键盘输入 3 个整数 a、b、c，输出其中最大的数。上机运行程序，验证运行结果与预习分析的结果是否相符，并记录运行结果。

```c
#include <stdio.h>
int main( )
{ int a,b,c,max;
 printf("请输入 3 个整数:");
 scanf("%d,%d,%d",&a,&b,&c);
 if(a>b)  max=a;
 else     max=b;
 if(c>max)   printf("3 个数中的最大数=%d\n",c);
 else     printf("3 个数中的最大数=%d\n",max);
 return 0;
}
```

2. 程序阅读

【程序 4.2】 在阅读并理解程序思路的基础上，说明程序功能，补充注释内容，上机运行程序，验证运行结果与分析的结果是否相符，记录运行结果。

```c
#include <stdio.h>
int main( )
{ int a,b,c,t;
   printf("输入 3 个整数的值:");
   scanf("%d,%d,%d",&a,&b,&c);
   if(a>b)
{ t=a;a=b;b=t; }
   if(a>c)
{ t=a;a=c;c=t; }
   if(b>c)
{ t=b;b=c;c=t; }
   printf("3 个数按照从小到大排列为: %d,%d,%d\n",a,b,c);
   return 0;
}
```

3. 程序改错

【程序 4.3】 编程实现从键盘输入一个整数，判断其能否既被 3 整除又被 5 整除。若能，输出"yes!"；否则，输出"no!"。下面的程序中有 5 处错误，上机调试程序，修改有错误的语句，并输出正确的运行结果。

```c
#include <stdio.h>
int main( )
{ int x
  printf("请输入一个整数:");
  scanf("%d",x);
  if(x%3=0&&x%5=0)  printf("yes!\n");
```

```
    else  printf("no!\b");
    return();
}
```

4. 程序完善

【程序 4.4】编写鸡兔同笼问题程序，已知鸡兔同笼总数为 h，总脚数为 f，求鸡兔各有多少只？阅读程序并将程序补充完整，验证运行结果与分析的结果是否相符，并记录运行结果。

```
#include <stdio.h>
int main( )
{ int h,f,x,y;
  printf("输入:");
  scanf("%d, %d ",&h,&f);
  if(h>0&&f>0)
  {
        ①              //计算鸡的数量
        ②              //计算兔的数量
  printf(   ③    );  //显示鸡兔的数量
  }
  else
  printf("输入错误! \n");
}
```

5. 程序设计

【程序 4.5】编写一个程序实现这样的功能：商店卖光盘，每片定价 3.5 元，按购买的数量可给予优惠，购买满 100 片，优惠 5%；购买满 200 片，优惠 6%；购买满 300 片，优惠 8%；购买满 400 片，优惠 10%；购买 500 片以上，优惠 15%。根据不同的购买量打印应付货款。

4.2.3　实验指导

1. 程序示例

【程序 4.1】编程从键盘输入 3 个整数 a、b、c，输出其中最大的数。上机运行程序，验证运行结果与预习分析的结果是否相符，并记录运行结果。

1) 分析

从键盘输入 3 个整数 a、b、c，先求出 a、b 两个数中的较大数，再将较大数与 c 进行比较，谁大输出谁。输出的数即为 3 个数中的最大数。

2) 参考答案

此程序验证正确，程序运行结果如图 4-1 所示。

图 4-1　程序 4.1 运行结果

2. 程序阅读

【**程序 4.2**】在阅读并理解程序思路的基础上，说明程序功能，补充注释内容，并上机运行程序，验证运行结果与分析的结果是否相符，记录下运行结果。

1) 分析

从键盘输入 a、b、c 三个整数值，首先比较 a、b 两个数的大小，若 a>b，则交换变量 a、b 的值；再比较 a、c 两个数的值，若 a>c，则交换变量 a、c 的值；经过上述比较，变量 a 成为三个数中的最小数。最后比较 b、c 两个变量的大小，若 b>c，则交换变量 b、c 的值。最后顺序输出 a、b、c 的值，即按照从小到大的顺序输出。

2) 参考答案

此程序验证正确，程序运行结果如图 4-2 所示。

图 4-2 程序 4.2 运行结果

3. 程序改错

【**程序 4.3**】编程实现从键盘输入一个整数，判断其能否既被 3 整除又被 5 整除。若能，输出"yes!"；否则，输出"no!"。下面的程序中有 5 处错误，上机调试程序，修改有错误的语句，并输出正确的运行结果。

1) 分析

从键盘输入一个整数，若该数被 3 和 5 整除的余数为 0，则输出"yes!"；否则，输出"no!"。

2) 参考答案

此程序中共有 5 处错误：

(1) 第 3 句：{ int x 改成{ int x;。

(2) 第 5 句：scanf("%d",x); 改成 scanf("%d",&x);。

(3) 第 6 句：if(x%3=0&&x%5=0) 改成 if(x%3==0&&x%5==0);。

(4) 第 7 句：printf("no!\b") 改成 printf("no!\n");。

(5) 第 8 句：return (); 改成 return 0;。

程序验证正确，改后程序如下：

```c
#include <stdio.h>
int main( )
{ int x;
  printf("请输入一个整数:");
  scanf("%d",&x);
  if(x%3==0&&x%5==0)  printf("yes!\n");
  else  printf("no!\n");
  return 0;
}
```

修改后程序运行结果如图 4-3 所示。

图 4-3　程序 4.3 运行结果

4. 程序完善

【**程序 4.4**】编写鸡兔同笼问题程序，已知鸡兔同笼总数为 h，总脚数为 f，求鸡兔各有多少只？阅读程序并将程序补充完整。

1) 分析

程序中需要定义两个整型变量，分别代表鸡兔的总数和总脚数，因此用 int 来定义它们。判断输入数据的正确性，如果小于 0，则表示输入有误。如果 h、f 均大于 0，则根据一只鸡一个头、两只脚，一只兔一个头、四只脚列出关系式。最后计算得出鸡和兔各有多少只，并输出。

2) 参考答案

① x=(4*h-f)/2;

② y=(f-2*h)/2;

③ ("鸡：%d 兔：%d\n",x,y)

程序验证正确，完整程序如下：

```
#include <stdio.h>
int main( )
{ int h,f,x,y;
  printf("输入:"); //输入鸡兔总数，鸡兔脚的总数
  scanf("%d,%d",&h,&f);//从键盘输入两个数
  if(h>0&&f>0)
  { x=(4*h-f)/2;   //计算鸡的数量
    y=(f-2*h)/2;   //计算兔的数量
    printf("鸡: %d 兔: %d\n",x,y);  //显示鸡兔的数量
    }
    else
    printf("输入错误!\n");
}
```

程序运行结果如图 4-4 所示。

图 4-4　程序 4.4 运行结果

5. 程序设计

【**程序 4.5**】编写一个程序实现这样的功能：商店卖光盘，每片定价 3.5 元，按购买的数量可给予优惠，购买满 100 片，优惠 5%；购买满 200 片，优惠 6%；购买满 300 片，优惠 8%；购买满 400 片，优惠 10%；购买 500 片以上，优惠 15%。根据不同的购买量打印应付货款。

1) 分析

商店卖光盘，根据不同的购买量给予不同的优惠，适合用多分支结构实现。

2) 参考答案

程序代码如下：

```
#include <stdio.h>
int main( )
{ int n;
  float p,total;
  printf("输入购买光盘的数量:");
  scanf("%d",&n);
  if(n<0) printf("您的输入有误，应输入正整数或 0!\n");
  else{
  if(n>=0&&n<100)  p=0.0;
  else if(n>=100&&n<200) p=0.05;
      else if(n>=200&&n<300)  p=0.06;
      else if(n>=300&&n<400)  p=0.08;
          else if(n>=400&&n<500)     p=0.10;
              else p=0.15;
  }
  total=3.5*n*(1-p);
  printf("应付货款=%f\n",total);
  return 0;
}
```

程序运行结果如图 4-5 所示。

```
输入购买光盘的数量:240
应付货款=789.599976
```

图 4-5 程序 4.5 运行结果

4.3 实验 5：选择结构程序设计(2)

4.3.1 实验目的

(1) 正确使用关系表达式和逻辑表达式，熟练使用输入和输出语句。

(2) 熟练掌握 if 语句及 switch 语句的格式与功能，并能够在 switch 语句中正确使用 break 语句编程。

(3) 能够熟练运用选择结构进行综合编程。

4.3.2 实验内容

1. 程序示例

【程序 4.6】假设今天是星期日，编写程序求 123456 天后是星期几。上机运行程序，验证运行结果与自己预习分析的结果是否相符，并记录运行结果。

```
#include <stdio.h>
int main( )
{ int n=123456;
  n=n%7;
  printf("\n 星期");
  switch(n)
{ case 0:printf("天");break;
  case 1:printf("一");break;
  case 2:printf("二");break;
  case 3:printf("三");break;
  case 4:printf("四"); break;
  case 5:printf("五");break;
  case 6:printf("六");break;
}
printf("\n\n");
return 0;
}
```

2. 程序阅读

【**程序 4.7**】在阅读并理解程序思路的基础上，说明程序功能，补充注释内容，并上机运行程序，验证运行结果与分析的结果是否相符，记录下运行结果。

```
#include <stdio.h>
int main( )
{ long int num;
  int indiv,ten,hundred,thousand,place;
  printf("请输入一个 0-9999 之间的正整数：");
  scanf("%d",&num);
  if(num>999) place=4;
  else if(num>99) place=3;
  else if(num>9) place=2;
  else place=1;
  printf("输入的正整数是%d 位数\n",place);
  /*输出位数*/
  /*以下四行分别求千位、百位、十位、个位数字 */
  thousand=num/1000;
  hundred=num/100%10;
  ten=num/10%10;
  indiv=num%10;
  switch(place)  /*根据位数判断应该输出哪几位数字*/
{ case 4:
  printf("正序输出四位数分为:%d,%d,%d,%d",thousand,hundred,ten,indiv);
  printf("\n 反序输出各位数字为：");
  printf("%d,%d,%d,%d\n",indiv,ten,hundred,thousand);
  break;
  case 3: printf("正序输出三位数分别为:%d,%d,%d",hundred,ten,indiv);
  printf("\n 反序输出各位数字为：");
  printf("%d,%d,%d \n",indiv,ten,hundred);
  break;
  case 2: printf("正序输出两位数分别为：%d,%d",ten,indiv);
```

```
    printf("\n 反序输出各位数字为: ");
    printf("%d,%d \n",indiv,ten);
    break;
    case 1: printf("正序输出一位数分别为: %d",indiv);
    printf("\n 反序输出各位数字为: ");
    printf("%d\n",indiv);
    break;
    }
return 0;
}
```

3. 程序完善

【**程序 4.8**】运输公司对用户计算运输费用。路程(s km)越远，每吨·千米运费越低。标准如下：当 s < 250 时没有折扣，当 250≤s < 500 时有 2%的折扣，当 500≤s < 1000 时有 5%的折扣，当 1000≤s < 2000 时有 8%的折扣，当 2000≤s < 3000 时有 10%的折扣，当 3000≤s 时有 15%的折扣。在阅读并理解程序思路的基础上，说明程序功能，补充横线上的内容。验证运行结果与分析的结果是否相符，并记录运行结果。

```
#include <stdio.h>
int main( )
{
    int c,s;
    ____①____ p,w,d,f;
    printf("please enter price,weight,discount:");
    scanf("%f,%f,%d",&p,&w,&s);
    if(s>=3000)  c=12;
    else   c=s/250;
    ____②____
{ case 0:    d=0; break;
    case 1:    d=2; break;
    case 2:
    case 3:    d=5; break;
    case 4:
    case 5:
    case 6:
    case 7:    d=8; break;
    case 8:  case 9:  case 10:
    case 11: d=10; break;
    case 12: d=15; break;
    }
    f = ____③____ ;
    printf("freight=%10.2f\n",f);
    return 0;
}
```

4. 程序设计

【**程序 4.9**】编写一个程序，输入年号和月份，判断该年是否为闰年，并根据给出的月份判断是什么季节和该月有多少天。

4.3.3　实验指导

1. 程序示例

【**程序 4.6**】假设今天是星期日，编写程序求 20201212 天后是星期几。上机运行程序，验证运行结果与预习分析的结果是否相符，并记录运行结果。

1) 分析

假设今天是星期日，一个星期是 7 天，所以 20201212 除以 7 的余数即为星期几。

2) 参考答案

此程序验证正确，程序运行结果如图 4-6 所示。

图 4-6　程序 4.6 运行结果

2. 程序阅读

【**程序 4.7**】本程序实现的是从键盘输入一个不多于 4 位的正整数，求出它是几位数，并分别按正序和反序打印出每位数字。

1) 分析

从键盘输入一个 0～9999 之间的正整数，然后判断该数的范围。若该数在 1000～9999 之间，则是 4 位数；若该数在 100～999 之间，则是 3 位数；若该数在 10～99 之间，则是 2 位数；若该数在 0～9 之间，则是 1 位数；分别求出正序和反序的每位数字。

2) 参考答案

此程序验证正确，程序运行结果如图 4-7 所示。

图 4-7　程序 4.7 运行结果

3. 程序完善

【**程序 4.8**】理解程序功能，阅读程序并将程序补充完整。

1) 分析

设每吨每千米货物的基本运费为 p，货物重为 w，距离为 s，折扣为 d，总运费 f 的计算公式为 $f=p×w×s×(1-d)$。

折扣的变化规律：折扣的"变化点"都是 250 的倍数；在横轴上加一个坐标 c，c 的值为 $s/250$，代表 250 的倍数，当 c<1 时，表示 s<250，无折扣；1≤c<2 时，表示 250≤s<500，折扣 $d=2\%$；2≤c<4 时，$d=5\%$；4≤c<8 时，$d=8\%$；8≤c<12 时，$d=10\%$；c≥12 时，$d=15\%$。

2) 参考答案

① <u>float</u>。

② <u>switch(c)</u>。

③ <u>p*w*s*(1-d/100)</u>。

程序验证正确，完整程序如下：

```c
#include <stdio.h>
int main( )
{  int c,s;
   float p,w,d,f;
   printf("please enter price,weight,discount:");
   scanf("%f,%f,%d",&p,&w,&s);
   if(s>=3000)  c=12;
   else   c=s/250;
   switch(c)
 { case 0:    d=0; break;
   case 1:    d=2; break;
   case 2:
   case 3:    d=5; break;
   case 4:
   case 5:
   case 6:
   case 7:    d=8; break;
   case 8: case 9:  case 10:
   case 11:   d=10; break;
   case 12:   d=15; break;
 }
   f = p*w*s*(1-d/100);
   printf("freight=%10.2f\n",f);
   return 0;
}
```

程序运行结果如图 4-8 所示。

```
please enter price,weight,discount:100,20,300
freight= 588000.00
```

图 4-8　程序 4.8 运行结果

4. 程序设计

【**程序 4.9**】编写一个程序，输入年号和月份，判断该年是否为闰年，并根据给出的月份判断是什么季节和该月有多少天。

1) 分析

根据闰年的定义求解，如果是闰年，2 月份为 29 天，否则为 28 天，其他月份相同。规定 3~5 月为春季，6~8 月为夏季，9~11 月为秋季，1、2 和 12 月为冬季。闰年的条件是年号能被 4 整除但不能被 100 整除，或者能被 400 整除。

2) 参考答案

程序代码如下：

```c
#include <stdio.h>
int main( )
{  int y,m,leap,season,days;
   printf("年份,月份:");
      scanf("%d,%d",&y,&m);
      if ((y%4==0 && y%100!=0) || (y%400==0))
          leap=1;
      else
          leap=0;
      if (m>=3 && m<=5)season=1;
      else if (m>=6 && m<=8)    season=2;
      else if (m>=9 && m<=11)    season=3;
      else  season=4;
   switch (m)
   { case 1:
     case 3:
     case 5:
     case 7:
     case 8:
     case 10:
     case 12:days=31;break;
     case 4:
     case 6:
     case 9:
     case 11:days=30;break;
     case 2:
     if(leap==1)days=29;
     else days=28;
   }
   printf("%d年%s闰年\n",y,(leap==1 ? "是" : "不是"));
   printf("该季度是");
   switch(season)
   {  case 1:printf("春季\n");break;
      case 2:printf("夏季\n");break;
      case 3:printf("秋季\n");break;
      case 4:printf("冬季\n");break;
   }
   printf("当月天数:%d\n",days);
   return 0;
}
```

程序运行结果如图 4-9 所示。

图 4-9   程序 4.9 运行结果

4.4 本章实验复习小结

1. 实验复习

C 语言提供了两种不同的语句来实现选择结构: if 语句和 switch 语句。

if 语句有三种形式: 单分支 if 语句、双分支 if 语句和多分支 if 语句, 可以根据不同的需要选择不同的 if 语句。

switch 语句用于实现多分支结构, 其表达式可以是整型、字符型或枚举类型。该语句中 break 语句的作用是跳出 switch 语句。

在实际应用中要正确选择 if 语句和 switch 语句, 用 switch 语句实现的编程一定可以用 if 语句来实现, 而用 if 语句实现的编程不一定能用 switch 语句实现。

2. 实验小结

实验完成 内容记录	
实验易错点 记录	
实验收获	
实验成绩	
指导老师实验 评语	

第5章 循环结构程序设计

本章预习知识点

1. 为什么要学习循环结构

在实际应用中经常会遇到许多具有规律性的重复性操作，这些重复执行的操作可以采用循环结构来完成。

【融入思政元素】

通过循环语句的学习，增强学生对算法的了解，提升学生抽象思维能力和逻辑推理能力，并形成良好的数学学习情感及积极的学习态度。

2. while 循环

while 循环的一般形式为：

```
while(表达式)
{   循环语句;
}
```

while 后的表达式是逻辑表达式，又称为循环控制条件；循环语句又称为循环体。

while 循环的执行过程为：先计算 while 后表达式的值，若值为真(非 0)，则执行循环语句；执行完循环语句后再次回去判断 while 后的表达式，若表达式的值依然为真，会再次执行循环语句；依次执行下去，直到某次 while 后表达式的值为假(为 0)时，循环结束，执行循环体后面的语句。若第 1 次计算 while 后的表达式就为假，则直接跳过循环语句，执行循环体后的语句。

3. do⋯while 循环

do⋯while 循环的一般形式为：

```
do
{ 循环体语句
}while(表达式);
```

do⋯while 循环的执行过程为：先执行循环体语句，再判断 while 后表达式的值；若表达式的值为真，再次回去执行循环体语句；执行完循环体语句后再次判断 while 后表达式的值，若表达式的值为真，再次回去执行循环体语句；依次循环下去，直到 while 后表达式的值为假时循环结束，接着执行循环体后的语句。

4. for 循环

C 语言中的 for 循环语句使用最灵活，既可以用于循环次数已知的情况，又可以用于循环次数未知而只给出循环结束条件的情况，它可以取代前面学过的 while 循环和 do⋯while 循环。

(1) for 循环语句的一般形式为：

```
for(表达式 1；表达式 2；表达式 3)
{ 循环体语句；}
```

for 循环语句中 3 个表达式的作用分别如下。

表达式 1：给循环变量赋初值，在整个循环过程中只执行一次。

表达式 2：循环控制条件表达式，满足该条件，循环继续，否则循环终止。

表达式 3：循环每进行一次，循环变量的改变值。

(2) for 循环语句的书写格式灵活，在使用时应注意以下几点。

① for 循环语句中可以省略表达式 1，但是表达式 1 后的分号不能省略，此时应该在 for 语句的前面给循环变量赋初值。在整个 for 循环的执行过程中，赋初值的语句只被执行一次。

② 可以省略表达式 2，但表达式 2 后的分号不能省略。当 for 循环语句中的表达式 2 省略时，认为循环条件恒为真，此时循环会无穷地进行下去，永远不会终止。

③ 可以省略表达式 3，此时可以将表达式 3 放在 for 循环的循环体语句中。

④ 可以同时省略表达式 1 和表达式 3。

⑤ 可以同时省略表达式 1、表达式 2 和表达式 3。

⑥ 表达式 1 和表达式 3 可以是一个简单的表达式，也可以是一个逗号表达式，即包含多个表达式，中间用逗号隔开。

必须注意的是：在 for 循环语句中，不管省略哪个表达式，分号都不能省略。

5. 三种循环语句的比较

(1) for 语句和 while 语句先判断条件，后执行语句，因此循环体有可能一次也不执行；而 do…while 语句的循环体不管循环条件是否满足，至少执行一次。

(2) 必须在 while 语句和 do…while 语句之前对循环变量赋初值，而 for 语句一般在表达式 1 中对循环变量赋初值。

(3) 在循环次数已经确定的情况下，习惯用 for 语句，而对于循环次数不确定、只给出循环结束条件的问题，习惯用 while、do…while 语句解决。

(4) 三种循环都可以用来处理同一个问题，一般可以互相代替。

【融入思政元素】

注意 while 循环和 do…while 循环的区别，要仔细学习 while(条件);语句块和 while(条件)语句块的不同，提醒学生注意两个程序段虽只相差一个小小的";"，但两者的作用却相差甚远，从而树立学生脚踏实地、遵循标准和规范、严谨细致的工作作风。

6. break 语句

循环程序一般会按照给定的循环条件正常地执行，但有时候需要提前结束循环，即中途改变循环执行的状态，这时就需要用到 break 语句。break 语句可以使流程跳出 switch 结构，除此之外，还可以从循环体内跳出，提前结束循环。

(1) break 语句的一般形式为：break。

(2) break 语句的功能：从循环体内跳到循环体外，提前终止循环，接着执行循环体后的语句。

7. continue 语句

有时在程序中，需要提前结束本次循环，接着进行下一次循环条件的判断，而不终止整个循环的进行，这种情况下可以用 continue 语句。

(1) continue 语句的一般形式为：continue;。

(2) continue 语句的功能：提前结束本次循环，即跳过循环体中 continue 语句后面尚未执行的循环体语句，接着进行下一次循环条件的判断。

8. continue 语句和 break 语句的区别

continue 语句用于提前结束本次循环，接着进行下一次循环条件的判断，并不终止整个循环的进行；break 语句则是终止整个循环过程。

9. 循环的嵌套

在编程中，有时需要在一个循环中嵌套另一个循环。在一个循环体内嵌套另一个完整的循环结构，称为循环的嵌套。外层的循环称为外循环，内层的循环称为内循环。如果内循环中又嵌套循环结构语句，则构成多重循环结构。

嵌套循环的执行过程：

(1) 外层判断循环条件，满足则进入外层循环体；

(2) 内层判断循环条件；

(3) 内层循环体执行；

(4) 内层循环变量累加，回到 2 执行，直到不满足内层条件，内循环退出；

(5) 外层循环变量累加，回到 1 执行，依次循环下去，直到不满足外层循环条件，循环彻底退出。

【融入思政元素】

通过编写循环程序解决实际生活中的问题，培养学生由浅入深的思维方式和反复推敲钻研的习惯。通过应用循环语句解决实际问题，培养学生的自信心及勇于自我表现的良好素质。

5.2 实验 6：循环结构程序设计(1)

5.2.1 实验目的

(1) 熟练掌握使用 while、do…while、for 语句实现循环程序设计的方法。

(2) 掌握循环结构中常用的一些算法，如穷举法、迭代法、递推法等。

5.2.2 实验内容

1. 程序示例

【程序 5.1】在阅读并理解程序思路的基础上，说明程序功能，补充注释内容，并上机运行程序，验证运行结果与自己分析的结果是否相符，记录下运行结果。

```
#include <stdio.h>
int main( )
{  int  i;
   float sum=0;
   for(i=1;i<=100;i++)
   sum=sum+1.0/i;
   printf("sum=%f\n",sum);
   return 0;
}
```

分析该程序完成的功能是：_____。

【程序 5.2】 在阅读并理解程序思路的基础上，说明程序功能，补充注释内容，并上机运行程序，验证运行结果与分析的结果是否相符，记录下运行结果。

```
#include <stdio.h>
int main( )
{ char c;
    int  letters=0,space=0,digit=0,others=0;
    printf("please input some characters:");
 while((c=getchar())!='\n')
   { if((c>='a'&&c<='z')||(c>='A'&&c<='Z'))
       letters++;
        else if(c==' ')
                   space++;
           else if(c>='0'&&c<='9')
                       digit++;
                else
                    others++;
   }
 printf("letters=%d,space=%d\n",letters,space);
 printf("digit=%d,others=%d\n",digit,others);
 return 0;
}
```

分析该程序完成的功能是：_____。

2. 程序改错

【程序 5.3】 程序中有 3 处错误，上机调试程序，修改有错误的语句行，并输出正确的运行结果。该程序的功能是求 sum = 1!+2!+3!+…+n!。

第 1 句：#include <stdio.h>

第 2 句：int main( )

第 3 句：{ int i,n;

第 4 句：   long int s,sum;

第 5 句：   printf("请输入 n 值:");

第 6 句：   scanf("%d",n);

第 7 句：   for(i=1;i<n;i++)

第 8 句：   { s=s *i;

第 9 句：   sum=sum+s;

第 10 句：　　 }
第 11 句：　　 printf("1!+2!+3!+...+n!=%ld\n",sum);
第 12 句：　　 return 0;
第 13 句：}

3. 程序完善

【程序 5.4】将输入的正整数按逆序输出，如输入 369 则输出 963，请填空。

```
# include <stdio.h>
int main( )
{ int n,S;
  printf(" Enter a number: ");
  scanf("%d",&n);
  printf( "Output: ");
  do
  { s=n%10;
    printf(" %d" ,s);
    _____①_____              //取出变量 n 中未输出的位
    } while(_____②_____);     //设定循环条件
  return 0;
}
```

【程序 5.5】某幼儿园有若干个小朋友，需要分组参加运动会(100～200 人)。如果分成
4 人一组，则多 2 人；若分成 7 人一组，则多 3 人；若分成 9 人一组，则多 5 人。求幼儿园
小朋友的总数。

```
#include <stdio.h>
int main( )
{ int i;
  for(i=100;i<200;i++)
      if((i-2)%4==0)
          if(_____①_____)       //设计条件表达式，分成 7 人一组则多 3 人
              if(!(i-5)%9)
                  printf("%d",i);
  return 0;
}
```

4. 程序设计

【程序 5.6】小猴子摘下一些桃子，卖掉一半，又吃了一只；第二天卖掉剩下的一半，
又吃了一只；第三天、第四天、第五天都如此办理，第六天一看，发现就剩下一只桃子了，
编写程序求小猴子共摘了多少只桃子。

【程序 5.7】编写程序，用一张五角的纸币换 5 分和 1 角的硬币(至少各有一枚)，有哪
些换法？

5.2.3 实验指导

1. 程序示例

【程序 5.1】在阅读并理解程序思路的基础上，说明程序功能，补充注释内容，并上机

运行程序，验证运行结果与分析的结果是否相符，记录运行结果。

1) 分析

该题属于求累加和问题，程序使用 for 循环完成数的累加，数列每项的分母成等差数列，分母分别为：1,2,3,4,…,100。

2) 参考答案

功能是求 $1+\dfrac{1}{2}+\dfrac{1}{3}+\cdots+\dfrac{1}{100}$ 的和。

此程序验证正确，注释与运行结果如下。

```c
#include <stdio.h>
int main( )
{   int i;
    float sum=0;
    for(i=1;i<=100;i++)        //设定循环变量的初值、循环的条件、循环变量的增值
    sum=sum+1.0/i;             //循环体，完成累加
    printf("sum=%f\n",sum);    //输出所求的和
    return 0;
}
```

程序的运行结果如图 5-1 所示。

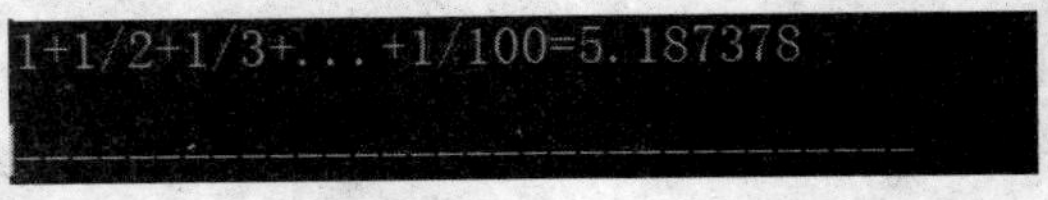

1+1/2+1/3+...+1/100=5.187378

图 5-1　程序 5.1 运行结果

【程序 5.2】在阅读并理解程序思路的基础上，说明程序功能，补充注释内容，并上机运行程序，验证运行结果与分析的结果是否相符，记录运行结果。

1) 分析

该程序使用 while(条件)语句设定循环条件，循环体内通过 if 和 else 的嵌套实现四路分支的选择，完成输入字符的分类和统计。

2) 参考答案

该程序的功能是分别统计由键盘输入的一行以 Enter 键结束的字符中英文、空格、数字和其他字符的个数。此程序验证正确，注释与运行结果如下。

```c
#include <stdio.h>
int main( )
{ char c;
    int  letters=0,space=0,digit=0,others=0;
    printf("please input some characters:");
  while((c=getchar())!='\n')              //设定循环条件
  { if((c>='a'&&c<='z')||(c>='A'&&c<='Z')) letters++;
                                          //判断是否是字母，统计字母的数量
          else if(c==' ')
                space++;                  //判断是否是空格，统计空格的数量
              else if(c>='0'&&c<='9')
                    digit++;              //判断是否是数字，统计数字的数量
                else
                    others++;   //统计其他字符的数量
```

```
    }
    printf("letters=%d,space=%d\n",letters,space);
    printf("digit=%d,others=%d\n",digit,others);
    return 0;
}
```

程序的运行结果如图 5-2 所示。

```
please input some characters:I love c programmer.
letters=16,space=3
digit=0,others=1
```

图 5-2   程序 5.2 运行结果

2. 程序改错

【程序 5.3】程序中有 3 处错误，上机调试程序，修改有错误的语句行，并输出正确的运行结果。求 sum = 1!+2!+3!+…+n!。

1) 分析

本题属于累乘积与累加和的综合问题。先求出每个数的阶乘，再加到一个存放累加和的变量中。

(1) 逻辑错误。变量应该先定义再使用，且应当注意赋初值的问题，否则该变量存放的随机数有可能导致程序结果不正确。

(2) 逻辑错误。使用 scanf 函数接收数据时，必须提供输入数据存放空间的地址，否则会引发系统错误。

(3) 逻辑错误。循环的边界条件要准确。

2) 参考答案

程序中有 3 处错误，修改如下。

(1) 第 4 句：long int s,sum; 改成 long int s,sum;   s=1;sum=0;。

(2) 第 6 句：scanf("%d",n); 改成 scanf("%d",&n);。

(3) 第 7 句：for(i=1;i<n;i++) 改成 for(i=1;i<=n;i++)。

此程序验证正确，注释与运行结果如下。

```
#include <stdio.h>
int main( )
{   int i,n;
    long int s,sum;              //定义变量
    s=1;sum=0;                   //变量赋初值
    printf("请输入 n 值:");       //提示行
    scanf("%d",&n);              //此处应注意取地址符&
    for(i=1;i<=n;i++)            //确定循环的要素
    { s=s *i;                    //用表达式表示 n!
      sum=sum+s;                 //求和
    }
    printf("1!+2!+3!+...+n!=%ld\n",sum);        //输出结果
    return 0;
}
```

程序运行结果如图 5-3 所示。

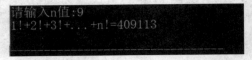

图 5-3　程序 5.3 运行结果

3. 程序完善

【程序 5.4】将输入的正整数按逆序输出，如输入 369 则输出 963，填空。

1) 分析

(1) 取出变量 n 中未输出的位。

(2) 设定循环条件。

2) 参考答案

①　n/=10;

②　n!=0

此程序验证正确，注释与运行结果如下。

```
# include <stdio.h>
int main( )
{   int n,s;
    printf(" Enter a number: ");      //提示行
    scanf("%d",&n);                   //从键盘输入原数据
    printf( "Output: ");              //提示行
    do
    {   s=n%10;                       //取出变量 n 中的最低位
        printf(" %d" ,s);
        n/=10;                        //取出变量 n 中未输出的位
    } while(n!=0 );                   //设定循环条件
    return 0;
}
```

程序运行结果如图 5-4 所示。

```
Enter a number: 369
Output: 963
```

图 5-4　程序 5.4 运行结果

【程序 5.5】某幼儿园有若干个小朋友，需要分组参加运动会(100～200 人)。如果分成 4 人一组，则多 2 人；若分成 7 人一组，则多 3 人；若分成 9 人一组，则多 5 人。求幼儿园小朋友的总数。

1) 分析

需要根据题意设计表达式。若分成 7 人一组则多 3 人，可以利用总数减掉分组多出来的人数，再对每组人数求余得 0 的思路解决。

2) 参考答案

①　(i-3)%7==0

此程序验证正确，注释与运行结果如下。

```
#include<stdio.h>
int main( )
{   int i;                       //定义变量
    for(i=100;i<200;i++)         //循环变量赋初值，设定循环条件及循环变量的增量
        if((i-2)%4==0)           //设计 if 表达式，除以 4 的余数为 2，即(i-2)%4==0
            if((i-3)%7==0 )      //设计 if 表达式，除以 7 的余数为 3，即(i-3)%7==0
                if(!((i-5)%9))   //设计 if 表达式，除以 9 的余数为 5，即!((i-5)%9)
                    printf("%d",i);    //输出符合条件的值
    return 0;
}
```

程序运行结果如图 5-5 所示。

图 5-5　程序 5.5 运行结果

4. 程序设计

【**程序 5.6**】小猴子摘下一些桃子，卖掉一半，又吃了一只；第二天卖掉剩下的一半，又吃了一只；第三天、第四天、第五天都如此办理，第六天一看，发现就剩下一只桃子了。编写一个程序，求小猴子共摘了多少只桃子。

1) 分析

从第六天仅剩下一只桃子向前推理，第五天剩下的桃子为：(第六天的桃子+1)×2；第四天剩下的桃子为：(第五天的桃子+1)×2；依此类推，第一天剩下的桃子为：(第二天的桃子+1)×2。

2) 参考答案

程序代码如下：

```
#include <stdio.h>
int main( )
{   int n=1,i;
    for (i=1;i<=5;i++)
    n=(n+1)*2;
    printf("桃子总数:%d\n",n);
    return 0;
}
```

程序运行结果如图 5-6 所示。

图 5-6　程序 5.6 运行结果

【**程序 5.7**】编写程序，用一张五角的纸币换 5 分和 1 角的硬币(至少各有一枚)，有哪些换法？

1) 分析

满足总数相等，设变量 x 为 5 分硬币的个数，变量 y 为 1 角硬币的个数，根据题意可得：0<x<10，0<y<5。设计两层循环，从 1 开始试算即可满足题目要求。

2) 参考答案

程序代码如下：

```c
#include <stdio.h>
int main( )
{   int x,y;
    for(y=1;y<5;y++)
        for(x=1;x<10;x++)
            if(5*x+10*y==50)
                printf("x=%d,y=%d\n",x,y);
    return 0;
}
```

程序运行结果如图 5-7 所示。

```
x=8, y=1
x=6, y=2
x=4, y=3
x=2, y=4
```

图 5-7　程序 5.7 运行结果

5.3　实验 7：循环结构程序设计(2)

5.3.1　实验目的

(1) 熟练掌握 break 语句和 continue 语句的用法。

(2) 熟练掌握循环嵌套的程序设计方法。

5.3.2　实验内容

1. 程序示例

【程序 5.8】在阅读并理解程序思路的基础上，说明程序功能，补充注释内容，并上机运行程序，验证运行结果与分析的结果是否相符，记录运行结果。

```c
#include <stdio.h>
int main( )
{ int i;
  for(i=100;i<=120;i++)
    { if(i%3= =0)
        continue;
      printf("%d",i);
    }
```

```
return 0;
}
```

分析该程序完成的功能是：_____。

【程序 5.9】 在阅读并理解程序思路的基础上，说明程序功能，补充注释内容，并上机运行程序，验证运行结果与分析的结果是否相符，记录运行结果。

```
#include <stdio.h>
#define PI  3.14159
int main( )
{ int r ;
  float area;
  for(r=1;r<=10;r++)
   { area=PI*r*r ;
     if(area>100)  break;
     printf("r=%d,area=%f\n",r,area);
   }
   return 0;
}
```

分析该程序完成的功能是：_____。

2. 程序完善

【程序 5.10】 本程序的功能是求 100～200 间的全部素数，根据注释填空。

```
#include <stdio.h>
#include <math.h>
int main( )
{ int m, k, i, n=0;
  for( _____①_____ )  /*设置循环的要素*/
   { k=sqrt(m);
     for(i=2;i<=k;i++)
       if(m%i==0)  break;
     if(i>=k+1) {printf("%d ",m);n=n+1;}
     if(n%10==0) printf("\n");
   }
  printf("\n");
  return 0;
}
```

3. 程序设计

【程序 5.11】 编写程序，从键盘输入 6 名学生的 5 门成绩，分别统计出每个学生的平均成绩。

【程序 5.12】 编写程序，输出两位正整数的"平方镜反数"。平方镜反数是指该数的平方与该数的反序数的平方互为反序数。例如 $13^2=169$，$31^2=961$，则 13 就是一个平方镜反数。

【程序 5.13】 编写程序，输出如下图形。

```
    *
   ***
```

```
          *****
           ***
            *
```

5.3.3　实验指导

1. 程序示例

【程序 5.8】 在阅读并理解程序思路的基础上，说明程序功能，补充注释内容，并上机运行程序，验证运行结果与分析的结果是否相符，记录下运行结果。

1) 分析

该程序使用 for()循环，循环体内通过 if 和 continue 语句的搭配，完成筛选，输出满足条件的数。

2) 参考答案

该程序的功能是把 100～120 之间不能被 3 整除的数输出。

此程序验证正确，注释与运行结果如下。

```
#include <stdio.h>
int main( )
{ int  i;
  for(i=100;i<=120;i++)        //设定循环要素
    { if(i%3= =0)              //判定 i 能否被 3 整除
        continue;             //表达式成立，结束本次循环
      printf("%d",i);         //表达式不成立，即不能被 3 整除，输出该数
    }
return 0;
}
```

程序的运行结果如图 5-8 所示。

```
100  101  103  104  106  107  109  110  112  113  115  116  118  119
```

图 5-8　程序 5.8 运行结果

【程序 5.9】 在阅读并理解程序思路的基础上，说明程序功能，补充注释内容，并上机运行程序，验证运行结果与分析的结果是否相符，记录运行结果。

1) 分析

该程序使用 for()循环，循环体内通过 if 和 break 语句的搭配，设定循环结束的条件。

2) 参考答案

该程序的功能是统计输出圆面积，面积大于 100 时停止输出。

此程序验证正确，注释与运行结果如下。

```
#include <stdio.h>
#define PI  3.14159
int main( )
{ int  r ;                   //定义圆的半径为整型变量
  float area;                //定义圆的面积为实型变量
  for(r=1;r<=10;r++)         //设定循环的要素
```

```
  { area=PI*r*r ;
    if(area>100)  break;                  //当面积大于 100 时，结束循环
    printf("r=%d,area=%f\n",r,area);       //输出圆的半径和面积
  }
  return 0;
}
```

程序的运行结果如图 5-9 所示。

```
r=1, area=3.141590
r=2, area=12.566360
r=3, area=28.274309
r=4, area=50.265442
r=5, area=78.539749
```

图 5-9　程序 5.9 运行结果

2. 程序完善

【程序 5.10】本程序的功能是求 100～200 间的全部素数，根据注释填空。

1) 分析

由于不是求一个数是否为素数，因此需要使用双循环嵌套。外层第一个循环用于在 100～200 间提取一个数，然后在内层第二个循环进行素数判断。只需判断该数的开方值即可。根据题意，设计循环的要素：初值，循环条件，循环变量增量。

2) 参考答案

①　m=101;m<=200;m=m+2

此程序验证正确，注释与运行结果如下。

```
#include <stdio.h>
#include <math.h>                    //使用了平方根 sqrt 函数，需要包含该头文件
int main( )
{ int m, k, i, n=0;                  //定义变量
  for(m=101;m<=200;m=m+2)            //设计循环的要素
    { k=sqrt(m);                     //求 m 的开方值
      for(i=2;i<=k;i++)              //设计内层循环的要素
        if(m%i==0)  break;           //表达式成立，不是素数，跳出循环
      if(i>=k+1) {printf("%d ",m);n=n+1;}  //输出满足条件的数
      if(n%10==0) printf("\n");      //每行 10 个数据，写满 10 个，换行输出
    }
  printf("\n");
  return 0;
}
```

程序运行结果如图 5-10 所示。

```
101 103 107 109 113 127 131 137 139 149
151 157 163 167 173 179 181 191 193 197
199
```

图 5-10　程序 5.10 运行结果

3. 程序设计

【**程序 5.11**】编写程序，从键盘输入 6 名学生的 5 门成绩，分别统计出每个学生的平均成绩。

1) 分析

从题意可知，有 6 名学生，每名学生都有 5 门成绩，须用循环的嵌套实现。外循环 i 循环 6 次，表示 6 名学生；内循环 j 循环 5 次，表示每名学生的 5 门成绩，用每名学生的总分除以 5 即得到每名学生的平均成绩。

2) 参考答案

程序代码如下：

```c
#include <stdio.h>
int main( )
{ int i,j;
  float score,sum,ave;
  for(i=1;i<=6;i++)
  { sum=0;
    printf("请输入第%d个学生的五门成绩:",i);
         for(j=1;j<=5;j++)
    { scanf("%f",&score);
      sum=sum+score;
    }
         ave=sum/5;
         printf("第%d个人的平均分=%5.2f\n",i,ave);
  }
  return 0;
}
```

程序运行结果如图 5-11 所示。

图 5-11　程序 5.11 运行结果

【**程序 5.12**】编写程序，输出两位正整数的"平方镜反数"。平方镜反数是指该数的平方与该数的反序数的平方互为反序数。例如 $13^2=169$，$31^2=961$，则 13 就是一个平方镜反数。

1) 分析

根据平方镜反数的特征完成编程，先求两位数的反序数，再求平方数的反序数。

2) 参考答案

程序代码如下：

```c
#include <stdio.h>
int main( )
{ int i,j,n,m,t;
     for(i=10;i<100;i++)
   { j=i%10*10+i/10;
    m=i*i;
    n=j*j;
    t=0;
    while(n)
      { t=t*10+n%10; n=n/10; }
    if(m==t)
    printf("(%d,%d)\n",i,j);
   }
  return 0;
}
```

程序运行结果如图 5-12 所示。

```
(11,11)
(12,21)
(13,31)
(21,12)
(22,22)
(31,13)
```

图 5-12　程序 5.12 运行结果

【**程序 5.13**】编写程序，输出如下图形。

```
    *
   ***
  *****
   ***
    *
```

1) 分析

满足总数相等，从 1 开始试算即可满足题目要求。

2) 参考答案

程序代码如下：

```c
#include <stdio.h>
int main( )
{ int i,j;
  for(i=1;i<=3;i++)
  { for(j=1;j<=3-i;j++)
    printf(" ");
    for(j=1;j<=2*i-1;j++)
    printf("*");
    printf("\n");
  }
```

```
for(i=4;i<=5;i++)
{  for(j=1;j<=i-3;j++)
   printf(" ");
   for(j=1;j<=2*(5-i)+1;j++)
   printf("*");
   printf("\n");
}
return 0;
}
```

程序运行结果如图 5-13 所示。

图 5-13　程序 5.13 运行结果

5.4　本章实验复习小结

1. 实验复习

在实际应用中经常会遇到许多具有规律性的重复性操作，这些重复执行的操作可以采用循环结构来完成。C 语言提供了 3 种循环结构：while 循环、do…while 循环和 for 循环。其中，while 循环是当型循环，先判断条件后执行循环体语句；do…while 循环是直到型循环，先执行循环体语句，然后判断循环条件；for 循环是计数型循环，一般用于循环次数已知的情况。

循环的嵌套是指在一个循环体内嵌套另一个完整的循环体结构，利用循环的嵌套能解决很多实际问题。

通过本章的学习，要求学生能熟练地运用循环结构进行编程。

2. 实验小结

实验完成 内容记录	
实验易错点 记录	

实验收获	
实验成绩	
指导老师实验评语	

第6章 同一类型多个元素的集合——数组

6.1 本章预习知识点

1. 数组的定义

数组是具有相同数据类型的多个数据的有序集合，数组中的所有元素属于同一种类型，用一个统一的数组名和下标来唯一地标识数组中的元素。利用数组可以方便地实现用统一的方式来处理一批具有相同性质的数据的问题。

2. 一维数组

1) 一维数组的定义

在 C 语言中要使用数组，必须先定义。

一维数组的定义形式为：

> 类型标识符 数组名[常量表达式];

当一维数组定义后，编译系统为数组在内存中分配一片连续的内存单元，按数组元素的顺序线性存储。

2) 一维数组的引用

C 语言可以对单个数组元素进行输入、输出和计算。C 语言规定只能单个引用数组元素，而不能一次引用整个数组。

数组元素的表示形式为：

> 数组名[下标]

下标可以是整型常量、符号常量，也可以是整型表达式。

3) 一维数组的初始化

给数组赋值的方法常用的有三种：用赋值语句对数组元素逐个赋值、初始化赋值和动态赋值。

数组初始化赋值是指在定义数组时给数组元素赋初值。

对数组元素的初始化有以下几种形式。

(1) 定义数组时对数组的所有元素赋初值。

(2) 只给部分元素赋值。

(3) 定义数组时，可以省略方括号中元素的个数。当省略方括号中元素的个数时，以元素的实际个数为准。

3. 二维数组

1) 二维数组的定义

若一个数组，它的每一个元素也是类型相同的一维数组时，该数组便是二维数组。数组的维数是指数组下标的个数，一维数组只有一个下标，二维数组有两个下标。

定义二维数组的一般形式为：

> 类型标识符 数组名[常量表达式1][常量表达式2];

第一个下标为行下标，第二个下标为列下标。

数组的行列编号均从 0 开始，数组元素在内存中以行优先原则存放，即先存放第 0 行、再存放第 1 行，以此类推。

定义二维数组时应注意以下几个问题。

(1) 不能将二维数组的 2 个下标写在一个方括号中。

(2) 二维数组可以看作是特殊的一维数组。

2) 二维数组的引用

二维数组和一维数组一样，只能逐个元素引用，不能整体引用。引用二维数组元素的形式为：

> 数组名[下标1][下标2]

"下标1"是第一维下标，也称行下标；"下标2"是第二维下标，也称列下标。下标 1 和下标 2 的值都从 0 开始，下标 1、下标 2 均为常量。

3) 二维数组的初始化

二维数组的初始化有以下几种形式。

(1) 将二维数组的各元素按顺序写在一个大括号里，按顺序给数组的各个元素赋初值。

(2) 可以分行给二维数组的各元素赋值，将所有的元素值放在一个大括号里，在大括号内，每行按顺序再用一个大括号括起来，行与行间的大括号用分号隔开。

(3) 可以只对数组的部分元素赋初值，没有赋初值的元素值默认是 0(整型类)或者空字符(字符数组)。

(4) 若对二维数组的所有元素赋值，可以省略第一维的下标，任何时候都不能省略第二维的下标。

【融入思政元素】

通过数组定义的内涵，即相同数据类型的数的集合，让学生明白物以类聚，人以群分，近朱者赤、近墨者黑，要多与具有正能量的人交往，交友在很大程度上能影响一个人的发展轨迹。

4. 字符串

在 C 语言中，字符串是指用双引号引起来的一个或多个字符。

在 C 语言中，字符串是作为字符数组来处理的，字符串中的每一个字符分别存放到字符数组对应的元素位置，当字符数组的长度大于字符串的实际长度时，多余的字符数组元素默认为 "\0"。C 语言规定空字符 "\0" 作为一个字符串的结束标志，即在存储字符串时，系统会自动在每个字符串的末尾加上 "\0" 作为结束标志。

5. 字符数组的输入输出

字符数组的输入输出有两种方式。

(1) "%c"格式说明符采用循环的方式逐个输入、输出字符。

(2) 使用"%s"格式说明符对字符串进行整体输入、输出。

6. 字符串处理函数

1) 字符串输入函数 gets()

格式: gets(字符数组)。

功能: 从键盘读入一个字符串到字符数组中,输入的字符串中允许包含空格,输入字符串时以 Enter 键结束,系统自动在字符串的末尾加上'\0'结束符。

注意: 使用 gets()函数输入字符串与使用 scanf()函数的"%s"格式输入字符串的区别,使用 gets()函数输入字符串时,输入的字符串中可以包含空格,空格可以作为字符串的一部分,当输入 Enter 键时字符串结束;而使用 scanf()函数的"%s"格式输入字符串时,输入的字符串中不能包含空格,空格或 Enter 键都是字符串的结束标志。

2) 字符串输出函数 puts()

格式: puts(字符数组)。

功能: 从字符数组的首地址开始,输出字符数组,同时将'\0'转换成换行符。

注意: 字符串输出函数 puts()能够自动换行,因此,在使用 puts()函数时,一般不需要再使用 printf("\n");语句来输出换行符。

3) 字符串复制函数 strcpy()

格式: strcpy(字符数组 1, 字符串 2)。

功能: 将字符串 2 复制放到字符数组 1 中,字符串 2 中的结束标志'\0'也一同复制后放到字符数组 1 中。

注意:

(1) 字符数组 1 的长度应大于或等于字符串 2,以保证字符数组 1 能够存放下字符串 2。

(2) 字符串 2 可以是字符串形式,也可以是字符数组名的形式。

(3) 因数组不能进行整体赋值,故不能使用赋值语句来给字符数组赋值。

(4) 字符串 2 中的结束标志'\0'也一同复制后放到字符数组 1 中。

4) 字符串连接函数 strcat()

格式: strcat(字符数组 1, 字符数组 2)。

功能: 将字符数组 1 中的字符串与字符数组 2 中的字符串连接成一个长串,放到字符数组 1 中,原字符数组 1 末尾的'\0'会被自动覆盖,连接后的新长串的末尾会自动加上'\0'。

注意:

(1) 字符数组 2 可以是一个字符数组,也可以是一个字符串。

(2) 字符数组 1 的长度必须充分大,能够容纳下连接以后的长串。

5) 字符串比较大小函数 strcmp()

格式: strcmp(字符串 1, 字符串 2)。

功能: 按照 ASCII 码的顺序比较两个字符串的大小,比较的结果为整数,通过整数值的正、负或 0 来判断两个字符串的大小。

比较两个字符串大小的规则如下。

(1) 若字符串 1 等于字符串 2,函数值为 0。

(2) 若字符串 1 大于字符串 2,函数值为一正整数。

（3）若字符串 1 小于字符串 2，函数值为一负整数。

两个字符串比较大小，比较的规则是从第一个字母开始，依次比较对应位字符的 ASCII 值的大小。若第一个字符相同，再比较第二个，直到能够比较出大小为止。

6) 求字符串长度函数 strlen()

格式：strlen(字符数组)。

功能：求字符串(字符数组)的实际长度，不包括"\0"。

说明：函数的返回值是一整数，表示字符串中字符的实际个数。

7) 字符串中大写字母转小写字母 strlwr()函数

格式：strlwr(字符串)。

功能：将字符串中的所有大写字母都转换成小写字母。

例如，strlwr("ABcD")的结果是"abcd"。

8) 字符串中小写字母转大写字母 strupr()函数

格式：strupr(字符串)。

功能：将字符串中的所有小写字母都转换成大写字母。

例如，strlwr("abcD")的结果是"ABCD"。

【融入思政元素】

字符的有序排列可以表达出深刻的意义。字符数组就像一个团队，一个团队由各种各样的人组成，每个人扮演着各自的角色，发挥不同的作用，所有人要发挥团队精神，"人心齐，泰山移"，这样就能形成无坚不摧的力量。

6.2 实验 8：数组程序设计(1)

6.2.1 实验目的

(1) 掌握一维数组定义、赋值和输入输出的方法。

(2) 会用一维数组编程解决实际生活中的问题。

(3) 熟练掌握使用二维数组进行程序设计的方法。

6.2.2 实验内容

1. 程序示例

【程序 6.1】 已知 10 个人的成绩存放在 score 数组中，统计低于平均分的人数，并将低于平均分的分值输出显示。

```
#include <stdio.h>
#define N 10
int main( )
{ float score[10];
      float aver=0;
      int i,j=0;
      for(i=0;i<N;i++)
```

```
    { scanf("%f4.1",&score[i]);
        aver+=score[i];
    }
    aver/=N;
    for(i=0;i<N;i++)
      if(score[i]<aver)
       { j++;
         printf("score[%1d]=%4.1f\n",i,score[i]);
       }
printf("j=%2d\n",j);
 return 0;
}
```

2. 程序阅读

【**程序 6.2**】在阅读并理解程序思路的基础上，说明程序功能，补充注释内容，并上机运行程序，验证运行结果与分析的结果是否相符，记录运行结果。

```
#include <stdio.h>
#define N 10
int main( )
{    int i,j,k=0,t,d,a[N];
    long n;
    printf("Please enter a long integer:");
    scanf("%d",&n);
    while(n>0)
     { t=n%10;  a[k++]=t; n/=10; }
      for(i=0;i<k-1;i++)
        {   d=i;
            for(j=i+1;j<k;j++)
              if(a[j]>a[d]) d=j;
            if(d!=i) { t=a[d];a[d]=a[i];a[i]=t;
        }
         }
    for(i=0;i<k;i++)
      printf("%1d ",a[i]);
    return 0;
}
```

【**程序 6.3**】在阅读并理解程序思路的基础上，说明程序功能，补充注释内容，并上机运行程序，验证运行结果与分析的结果是否相符，记录下运行结果。

```
#include <stdio.h>
int main( )
{ int tt[3][4]={{1,2,3,4},{8,7,6,5},{5,4,1,3}},pp[4];//赋初值
  int i,j,min;
  for(j=0;j<N;j++)
{ min=tt[0][j];
  for(i=0;i<M;i++)
  { if (tt[i][j]<min)
                    min=tt[i][j];
    }
```

```
                pp[j]=min;
    }
    for(i=0;i<N;i++)
      printf("pp[%d]=%d,",i,pp[i]);
    return 0;
}
```

3. 程序设计

【程序 6.4】已知全班 5 名学生期末 4 门课程的考试成绩。编制程序计算各门课的平均成绩和每位同学的平均成绩和总成绩，并输出显示。

【程序 6.5】找出一个已知二维数组的鞍点，即该位置上的元素在该行上最大，在该列上最小。也可能没有鞍点。

6.2.3　实验指导

1. 程序示例

【程序 6.1】已知 10 个人的成绩存放在 score 数组中，编写程序统计低于平均分的人数，并将低于平均分的分值输出显示。

1) 分析

(1) 定义一个大小为 10 的 float 型数组 score，用于存放 10 人的分数。

(2) 求出 10 人的平均分 aver，将每人的成绩与平均分比较。

(3) 输出显示小于平均分的成绩并将计数值 j 加 1，10 人成绩比较完后输出计数值 j。

2) 参考答案

程序运行结果如图 6-1 所示。

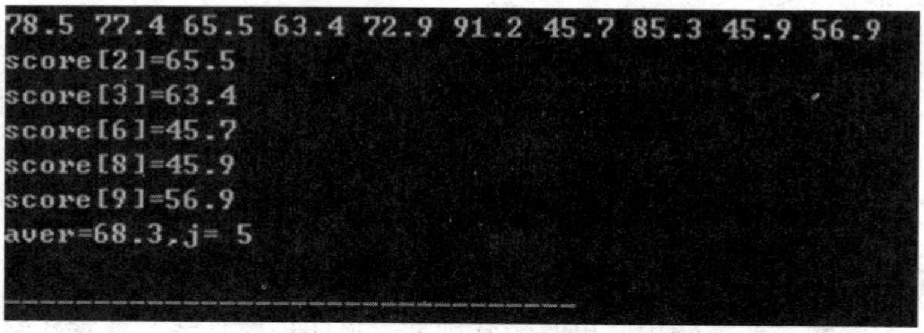

```
78.5 77.4 65.5 63.4 72.9 91.2 45.7 85.3 45.9 56.9
score[2]=65.5
score[3]=63.4
score[6]=45.7
score[8]=45.9
score[9]=56.9
aver=68.3,j= 5
```

图 6-1　程序 6.1 运行结果

2. 程序阅读

【程序 6.2】在阅读并理解程序思路的基础上，说明程序功能，补充注释内容，并上机运行程序，验证运行结果与分析的结果是否相符，记录运行结果。

1) 分析

(1) 程序功能：输入一个长整数，取出每一位数，对取出的数按从大至小的降序显示。

(2) 语句 long n;定义一个长整数变量 n，变量 n 的值由键盘输入。

(3) 定义 int i,j,k=0,t,d,a[N];，其中，i,j 作为排序循环次数控制，k 作为数组元素下标值，a[N]用来存储长整数每一位的值。

(4) 通过循环语句 while(n>0)依次取出每位数，并将数存入数组 a[N]。语句 t=n%10;取出一位数，并存入数组 a[k++]，语句 n/=10;为取下一位数作准备。

2) 参考答案

程序代码如下：

```c
#include <stdio.h>
#define N 10
int main( )
{    int i,j,k=0,t,d,a[N];
    long n;
    printf("Please enter a long integer:");
    scanf("%d",&n);
    while(n>0)                        // 依次取出每位数，并将数存入数组
      {   t=n%10;                     // 取出一位数
          a[k++]=t;                   // 将数存入数组
          n/=10;                      // 为取下一位数作准备
      }
     for(i=0;i<k-1;i++)               // 对取出的数进行降序排序，共 k-1 轮
     {   d=i;                         // 记录每轮起始元素的下标
          for(j=i+1;j<k;j++)
             if(a[j]>a[d])            // 后续元素依次与起始元素进行比较
             d=j;                     // 记录比起始元素大的元素的下标
          if(d!=i)                    // 一轮比较后判断记录的大小是否发生了变化
            {  t=a[d];a[d]=a[i];a[i]=t; }   // 若发生了变化，则交换元素值
     }
     for(i=0;i<k;i++)
     printf("%1d ",a[i]);            /*输出排序结果*/
     return 0;
}
```

程序运行结果如图 6-2 所示。

```
Please enter a long integer:9872156
9 8 7 6 5 2 1
```

图 6-2　程序 6.2 运行结果

【程序 6.3】在阅读并理解程序思路的基础上，说明程序功能，补充注释内容，并上机运行程序，验证运行结果与自己分析的结果是否相符，记录下运行结果。

1) 分析

(1) 程序功能：对于已赋初值的一个 3 行 4 列的二维数组，求出二维数组每列中最小值，并输出显示。

(2) 定义一个 3 行 4 列的二维数组 tt 并赋初值。

(3) 通过双层循环分别求得每列最小值，并存于一个一维数组 pp 中。

(4) 将一维数组 pp 的内容输出，即按顺序输出每列的最小值。

2) 参考答案

程序代码如下：

```
#include <stdio.h>
int main( )
{  int tt[3][4]={{1,2,3,4},{8,7,6,5},{5,4,1,3}},pp[4];//赋初值
int i,j,min;
for(j=0;j<4;j++)
{   min=tt[0][j];
for(i=0;i<3;i++)
{ if (tt[i][j]<min)
  min=tt[i][j];                      //求出每列的最小值
}
         pp[j]=min;                  //存入 pp 数组中
}
  for(i=0;i<4;i++)
    printf("pp[%d]=%d,",i,pp[i]);    //按顺序输出每列的最小值
return 0;
}
```

程序的运行结果如图 6-3 所示。

```
pp[0]=1,pp[1]=2,pp[2]=1,pp[3]=3,
```

图 6-3　程序 6.3 运行结果

3. 程序设计

【程序 6.4】已知全班 5 名学生期末 4 门课程的考试成绩。编制程序计算各门课的平均成绩和每名同学的平均成绩、总成绩，并输出显示。

1) 分析

(1) 全班 5 名学生的单科成绩以二维数组形式存储如下：

```
第 1 名学生:成绩 1 成绩 2 成绩 3 成绩 4
第 2 名学生:成绩 1 成绩 2 成绩 3 成绩 4
......
第 5 名学生: 成绩 1 成绩 2 成绩 3 成绩 4
```

(2) 定义一个二维数组 tt，用于存储 5 名学生 4 门课的成绩。

(3) 通过双层循环中语句 total_M[j]+=tt[i][j];按行计算每名学生的总成绩；通过双层循环中语句 aver_s[j]=total_M[j]/N；按行求每名学生的平均成绩。

(4) 通过双层循环中语句 total_N[j]+=tt[i][j];按列求每门课的总成绩；通过双层循环中语句 aver_c[j]=total_N[j]/M;按列求每门课的平均成绩。

2) 参考答案

程序代码如下：

```
#include <stdio.h>
#define M 5
#define N 4
int main( )
{float
tt[M][N]={{70.0,80.0,78.9,88.5},{80.5,75.5,69.5,50.5},{75.0,74,81,93},
{81.2,85.5,90.4,85.0},{56.0,70.8,45.5,65.5}};
```

```
float total_M[M],aver_s[M],aver_c[N],total_N[N];
int i,j;
for(j=0;j<M;j++)
{ total_M[j]=0;
for(i=0;i<N;i++)
    total_M[j]+=tt[i][j];                //求每名学生的总成绩
   aver_s[j]=total_M[j]/N;               //求每名学生的平均成绩
}
for(j=0;j<N;j++)
{ total_N[j]=0;
  for(i=0;i<M;i++)
    total_N[j]+=tt[i][j];                //求每门课的总成绩
  aver_c[j]=total_N[j]/M;                //求每门课的平均成绩
}
 for(i=0;i<M;i++)
 printf("total[%d]=%5.1f,aver_s[%d]=%5.1f\n",i,total_M[i],i,aver_s[i]);
 /*输出每名学生的总成绩和平均成绩 */
 printf("\n");
 for(i=0;i<N;i++)
 printf("aver_c[%d]=%5.1f ",i,aver_c[i]);  /*输出每门课的平均成绩 */
 printf("\n");
return 0;
}
```

程序的运行结果如图 6-4 所示。

```
total[0]=306.7,aver_s[0]= 76.7
total[1]=315.0,aver_s[1]= 78.8
total[2]=319.8,aver_s[2]= 79.9
total[3]=317.0,aver_s[3]= 79.3
total[4]=292.7,aver_s[4]= 73.2

aver_c[0]= 72.5 aver_c[1]= 77.2 aver_c[2]= 73.1 aver_c[3]= 76.5
```

图 6-4   程序 6.4 的运行结果

【程序 6.5】 找出一个已知二维数组的鞍点，即该位置上的元素在该行上最大，在该列上最小。也可能没有鞍点。

1) 分析

(1) 定义一个 4 行 4 列的二维数组 a 并赋初值。

(2) 语句 max=a[i][0];预设第 1 列的值为最大值。

(3) 通过双层循环语句求出一行中的最大值，记录下行号和列号。

(4) 判断最大值在此列中是否有小于此最大值的元素，如果有则用 break 立即结束。设标志 flag 为 0，表示不是鞍点。如果行最大值为此列的最小值，则标识为鞍点并显示，直至所有的行比较结束。若无鞍点则显示无鞍点。

2) 参考答案

程序代码如下：

```
#include <stdio.h>
#define M 4
```

```
#define N 4
int main( )
{   int a[M][N]={{8,2,3,4},{7,6,5,4},{6,2,3,4},{8,6,5,4}};
    int i,j,k,max,col=0,row=0,flag=0,n=0;
    for(i=0;i<M;i++)
    {  max=a[i][0];                          //预设第1列的值为最大值
       for(j=0;j<N-1;j++)
        { if (max<a[i][j+1])
           { max=a[i][j+1];                   //找出每一行的最大值
             col=j+1;                         //记录此元素的列号
             row=i;
           }
          else
           { col=0;row=i; }
        }
       flag=1;
       for(k=0;k<M;k++)
        {
                if(max>a[k][col])             {flag=0;break;}
        }
        if (flag==1)
         { printf("鞍点: row=%d,col=%d",row,col);        //输出鞍点的位置
           n++;
}
    }
    if(n==0) printf("无鞍点");
    return 0;
}
```

程序的运行结果如图 6-5 所示。

鞍点: row=2,col=0

图 6-5   程序 6.5 运行结果

6.3 实验 9：数组程序设计(2)

6.3.1   实验目的

(1) 掌握字符数组的输入、输出方式。
(2) 掌握字符数组及字符串函数的应用。

6.3.2   实验内容

1. 程序示例

【程序 6.6】使用 scanf()、printf()函数配合%s 格式输入中间含有空格的字符串并输出。

```c
#include <stdio.h>
int main( )
{   int i;
    char str1[15],str2[15],str3[15],str4[15];
    printf("请输入一串字符: ");
    scanf ("%s%s%s%s", str1,str2,str3,str4);
    printf("%s %s %s %s\n", str1,str2,str3,str4);
    return 0;
}
```

2. 程序阅读

【程序 6.7】在阅读并理解程序思路的基础上，说明程序功能，补充注释内容，并上机运行程序，验证运行结果与分析的结果是否相符，记录运行结果。

```c
#include <stdio.h>
int main( )
{   int i,n=0;
    char s[20];
    printf("请输入一个字符串:");
    for(i=0;(s[i]=getchar( ))!='\n';i++)
        if(s[i]>='A'&&s[i]<='Z') n++;
    printf("n=%d\n",n);
    for(i=0;s[i]!='\n';i++)
        if(s[i]>='A'&&s[i]<='Z')
            printf("%c",s[i]+32);
        else
            printf("%c",s[i]);
    printf("\n");
    return 0;
}
```

【程序 6.8】在阅读并理解程序思路的基础上，说明程序功能，补充注释内容，并上机运行程序，验证运行结果与分析的结果是否相符，记录运行结果。

```c
#include <stdio.h>
#include <string.h>
int main( )
{ char str1[20],str2[20];
  int i=0,j=0;
  printf("请输入第一个字符串：");
  gets(str1);
  while(str1[i]!='\0')
  {
    if((str1[i]>='a'&&str1[i]<='z')||(str1[i]>='A'&&str1[i]<='Z'))
    {  str2[j]=str1[i];j++;  }
    i++;
  }
  str2[j]='\0';
  printf("新串为：");
  puts(str2);
  printf("新串长度为：%d\n",strlen(str2));
```

```
    return  0;
}
```

3. 程序完善

【程序 6.9】删除一个字符串中的某个字符。

```
#include <stdio.h>
#include <string.h>
int main( )
{ int i,j=0;
    char ch[]="this is a string.",c;
    puts(ch);
    printf("请输入一个字符：");
    c=getchar();
for(i=0;ch[i]!='\0';i++)
  if(ch[i]!=c)
        ①      ;
        ②      ;
printf("%s\n",ch);
return 0;
}
```

4. 程序设计

【程序 6.10】运用字符串处理函数，将已知的 5 个英文字符串按英文字符的顺序从小到大排序。

【程序 6.11】编写统计一个长度为 2 的字符串在另一个字符串中出现的次数。

【程序 6.12】输入一个字符串，判断是否为回文串。所谓回文串，是指一个字符串顺读和反读是一样的，如"123321"和"abcba"都是回文串。

6.3.3 实验指导

1. 程序示例

【程序 6.6】使用 scanf()、printf()函数配合%s 格式输入中间含有空格的字符串并输出。

1) 分析

(1) scanf()配合%s 输入字符串，当遇见空格时认为字符串结束。

(2) 因为字符串名就是字符串数组的地址，所以输入字符串不要加地址符号&。

(3) 带有空格的字符串必须用多个字符数组变量输入。

2) 参考答案

程序代码如下：

```
#include <stdio.h>
int main( )
{    int i;
    char str1[15],str2[15],str3[15],str4[15];   //定义四个字符数组
    printf("请输入一句话：");
    scanf ("%s%s%s%s", str1,str2,str3,str4); //输入带空格的四个字符串
```

```
    printf("%s %s %s %s\n", str1,str2,str3,str4); //输出带空格的四个字符串
    return 0;
}
```

程序运行结果如图 6-6 所示。

请输入一句话: How do you do!
How do you do!

图 6-6　程序 6.6 运行结果

2. 程序阅读

【程序 6.7】在阅读并理解程序思路的基础上，说明程序功能，补充注释内容，并上机运行程序，验证运行结果与分析的结果是否相符，记录运行结果。

1) 分析

(1) 程序功能：运用 getchar()函数输入一行字符，统计其中大写字母的个数，并将所有的大写字母转换成小写字母后输出这个字符串。

(2) 所涉知识点：getchar()函数一次只能输入一个字符；"\n"相当于回车键；小写和大写之间相差十进制数 32。

(3) 程序注释如下：

```
#include <stdio.h>
int main( )
{   int i,n=0;
    char s[20];
    printf("请输入一个字符串:");
    for(i=0;(s[i]=getchar( ))!='\n';i++)      //输入字符直到遇见 Enter 符
        if(s[i]>='A'&&s[i]<='Z') n++;         //所有的大写字母个数
    printf("n=%d\n",n);
    for(i=0;s[i]!='\n';i++)
        if(s[i]>='A'&&s[i]<='Z')
            printf("%c",s[i]+32);             //大写转换为小写输出
        else
            printf("%c",s[i]);                //其他字符不变输出
    printf("\n");
return 0;
}
```

2) 参考答案

程序运行结果如图 6-7 所示。

请输入一个字符串:ABCD123abcd
n=4
abcd123abcd

图 6-7　程序 6.7 运行结果

【程序 6.8】 在阅读并理解程序思路的基础上，说明程序功能，补充注释内容，并上机运行程序，验证运行结果与分析的结果是否相符，记录运行结果。

1) 分析

(1) 程序功能：运用 gets() 和 puts() 函数从键盘输入一个字符串，删除字符串中的所有数字，然后计算所得到的字符串的长度。

(2) 所涉知识点：gets()、puts() 输入输出字符串函数；求字符串长度 strlen() 函数要包含头文件 string.h；字符串的结束标志是 "\0"。

(3) 程序注释如下：

```c
#include <stdio.h>
#include <string.h>
int main( )
{char str1[20],str2[20];
//定义两个字符串数组，一个保存输入的字符串，另一个存储删除数字后的字符串
 int i=0,j=0;
printf("请输入第一个字符串：");
gets(str1);                    //输入字符串
while(str1[i]!='\0')
{ if((str1[i]>='a'&&str1[i]<='z')||(str1[i]>='A'&&str1[i]<='Z'))
  { str2[j]=str1[i];           //保留字符
  j++;                         //记录字符个数
  }
  i++;
}
str2[j]='\0';                  //尾部增加结束符变成字符串
printf("新串为：");
puts(str2);                    //输出字符串
printf("新串长度为：%d\n",strlen(str2));        //输出字符串长度值
return  0;
}
```

2) 参考答案

程序运行结果如图 6-8 所示。

请输入第一个字符串：123abc123efg
新串为：abcefg
新串长度为：6

图 6-8　程序 6.8 运行结果

3. 程序完善

【程序 6.9】 删除一个字符串中的某个字符。

1) 分析

(1) 字符串 ch 中的每个字符与输入的字符 c 比较，不相同保留，相同跳过。通过循环语句 if(ch[i]!=c)ch[j++]=ch[i];将不是要删除的字符存在数组中。

(2) 通过语句 ch[j]='\0' 在字符数组 ch 的最后加上字符串的结束标志'\0'。

2) 参考答案

① ch[j++]=ch[i];

② ch[j]='\0' ;

此程序验证正确，注释与运行结果如下。

```c
#include <stdio.h>
#include <string.h>
int main( )
{ int i,j=0;
    char ch[]="this is a string.",c;
    puts(ch);
    printf("请输入一个字符: ");
    c=getchar();
    for(i=0;ch[i]!='\0';i++)
      if(ch[i]!=c)
        ch[j++]=ch[i];          //将不是要删除的字符存在数组中
     ch[j]='\0';                //字符串加上结束符
    printf("%s\n",ch);
    return 0;
}
```

程序运行结果如图 6-9 所示。

```
this is a string.
请输入一个字符: s
thi i a tring.
```

图 6-9　程序 6.9 运行结果

4. 程序设计

【程序 6.10】运用字符串处理函数，将已知的 5 个英文字符串按英文字符的顺序从小到大排序。

1) 分析

(1) 定义 5 行 30 列的二维字符数组 str，并初始化赋值 5 个字符串。

(2) 用 i 计数，str[i]分别表示 5 个字符串。

(3) 用字符串复制函数 strcpy(ct,str[i]);将 str[i]复制到临时数组 ct 中。

(4) 通过双层循环两两比较，用字符串比较大小函数 strcmp 比较字符串的大小并进行排序。

(5) 注意 strcmp()函数、strcpy()函数都包含在 string.h 头文件中。

2) 参考答案

程序代码如下：

```c
#include <stdio.h>
#include <string.h>
int main( )
{ char str[5][30]={"Batang","Arial","Dotum","Gulim","Calibri"};
  char ct[30];
```

```
  int i=0,j=0,k;
for (i=0;i<5;i++)
{k=i;
  strcpy(ct,str[i]);
  for(j=i+1;j<5;j++)
  if(strcmp(str[j],ct)<0)
    { k=j;    strcpy(ct,str[j]); }
  if(k!=i)
    { strcpy(ct,str[i]);
      strcpy(str[i],str[k]);
      strcpy(str[k],ct);
    }
 puts(str[i]);
}
return  0;
}
```

程序运行结果如图 6-10 所示。

图 6-10　程序 6.10 运行结果

【**程序 6.11**】编写统计一个长度为 2 的字符串在另一个字符串中出现的次数。

1）分析

(1) 用 gets()函数输入字符串 str 和子串 substr。

(2) 用 j 统计字符串 str 中与子串 substr 相同的字符数，字符相同则计数值 j 加 1，不相同则计数值 j=0。

(3) 语句 if(substr[j]=='\0'){ n++; j=0;}，即用 "\0" 判断子串 substr 比对结束，连续 2 个字符相同，则计数值 n 加 1。

2）参考答案

程序代码如下：

```
#include <stdio.h>
#define N 30
int main( )
{ int n=0,i=0,j=0;
  char str[N],substr[3];
  printf("输入一个字符串:");
  gets(str);
  printf("输入一个子串: ");
  gets(substr);
  while(str[i]!='\0')
  { if(str[i]==substr[j])
    { i++;j++;}
```

程序设计基础实训(C 语言)

```
    else
    { i++;j=0;}
    if(substr[j]=='\0')
    { n++; j=0;}
  }
  printf("n=%d\n",n);
  return 0;
}
```

程序运行结果如图 6-11 所示。

图 6-11　程序 6.11 运行结果

【程序 6.12】输入一个字符串，判断是否为回文串。所谓回文串，是指一个字符串顺读和反读是一样的，如"123321"和"abcba"都是回文串。

1) 分析

(1) 定义一个字符数组 s，将字符串存入字符数组中。

(2) 设置两个下标变量 i 和 j，分别作为字符数组第一个元素与最后一个元素的下标，然后将下标 i 和 j 上对应的元素进行比较，若不相等，则可断定字符串不是回文串；否则，i++，j--。

(3) 继续将对应的元素进行比较，直到 i≥j 为止，即字符数组中所有对应的元素都相等时，可断定该字符串是回文串。

2) 参考答案

程序代码如下：

```
#include <stdio.h>
int main( )
{   char s[10];
    int i,j,n;
    printf("请输入一串字符: ");
    gets(s);
    for(i=0; s[i]!= '\0'; i++);
      n=i;
    for(i=0,j=n-1;i<j;i++,j--)
        if(s[i]!=s[j]) break;
    if(i<j)
        printf("不是回文串\n");
    else
        printf("是回文串\n");
    return 0;
}
```

程序运行结果如图 6-12 和图 6-13 所示。

86

图 6-12　程序 6.12 运行结果(1)

图 6-13　程序 6.12 运行结果(2)

6.4　本章实验复习小结

1. 实验复习

(1) 数组的定义：数组是具有相同数据类型的多个数据的有序集合。

(2) 数组的定义。

一维数组的定义形式：数据类型 数组名[常量表达式]。

二维数组的定义形式：数据类型 数组名[常量表达式1] [常量表达式2]。

(3) 数组元素的引用。

一维数组元素的引用形式：数组名[下标]。

二维数组元素的引用形式：数组名[行下标] [列下标]。

(4) 一维数组的应用。一维数组可以存放一批类型相同的数据，并且可以利用一维数组对这批数据进行处理，如查找数据、插入数据、删除数据、对数据进行排序等。

(5) 二维数组的应用。二维数组用来存放类型相同的多行多列形式的数据，如表格或矩阵数据，利用二维数组的逻辑结构可以直观地反映出数据的行列位置。

(6) 字符数组。字符数组就是数组元素为 char 类型的数组，其用法与数值型数组基本相同。

(7) 字符串的存储。字符串在内存中都用字符数组来存放。一维字符数组可以存放和处理一个字符串，程序中常用字符串的结束符 "\0" 来判断字符串是否结束。多个字符串的存储和处理可以借助二维字符数组(也称字符串数组)完成。

(8) 字符串处理函数。C 语言提供了很多字符串处理函数，比如字符串输入输出、复制、连接、比较等，调用它们可以方便地处理字符串。

2. 实验小结

实验完成 内容记录	
实验易错点 记录	

实验收获	
实验成绩	
指导老师实验评语	

第7章 模块化程序设计——函数

7.1 本章预习知识点

1. 函数的概念

(1) 一个 C 程序由一个或多个程序模块组成，每一个程序模块作为一个源程序文件。一个源程序文件由一个或多个函数以及其他有关内容(如预处理指令、数据声明与定义等)组成。一个源程序文件是一个编译单位，程序编译是以源程序文件为单位进行的，而不是以函数为单位进行的。

(2) 每个函数都是一段独立的 C 程序代码，它实现具体的、明确的功能，如前面章节用到的输出函数 printf() 和输入函数 scanf()。在程序设计中善于利用函数，可以减少重复编写程序段的工作量，同时可以方便地实现模块化的程序设计。

(3) 函数是 C 语言的基本单位，是程序设计的重要手段，C 程序可以包含一个主函数和多个其他函数。C 程序必须有且只能有一个名为 main 的主函数，其执行总是从 main 函数开始，如果在 main 函数中调用其他函数，则在函数调用完成后流程返回到 main 函数，最后在 main 函数中结束整个程序的运行。

(4) 所有函数都是平行的，即定义函数是分别进行的，是互相独立的，一个函数并不从属于另一个函数，即函数不能嵌套定义。函数间可以互相调用，但不能调用 main 函数，main 函数是被操作系统调用的。

【融入思政元素】

通过函数的思想，引导学生掌握模块化思想，加强学生的团队精神及合作能力。在团队协作日益频繁的今天，模块化思想的重要性就凸显出来，主要表现在提高重用性，提高开发效率、降低维护成本、提升代码质量等方面。

2. 函数的分类

(1) 从用户函数定义的角度看，函数可分为标准函数和用户自定义函数。标准函数由 C 系统提供，用户无须定义，也不必在程序中作类型说明；用户自定义函数是由用户根据特定需要编写的函数。

(2) 从调用关系看，函数分为主调函数和被调函数。主调函数是调用其他函数的函数；被调函数是被其他函数调用的函数。

(3) 从函数返回值角度看，函数分为有返回值函数和无返回值函数两种。有返回值函数是指函数被调用执行完后将向调用函数返回一个执行结果；无返回值函数是指函数用于完成某项特定的处理任务，函数被调用执行完后不向调用者返回函数值。

(4) 从主调函数和被调函数之间数据传送的角度看，又可分为无参函数和有参函数。无参函数在函数定义、函数说明及函数调用中均不带参数，主调函数和被调函数之间不进行参数传送；有参函数也称为带参函数，在函数定义、函数说明及函数调用中均带参数，主调函数和被调函数之间要进行参数传送。

3. 函数的定义

(1) 函数。函数与变量一样，也必须"先定义，后使用"。函数定义包括函数首部和函数体两部分；函数首部包括返回数据类型、函数名和形式参数列表；函数体由一对花括号和包含其中的语句(声明部分和执行部分)组成。

(2) 定义无参函数。定义无参函数的一般形式为：

```
返回数据类型标识符    函数名( )
{   声明部分
      语句
}
```

(3) 定义有参函数。定义有参函数的一般形式为：

```
返回数据类型标识符    函数名([形式参数1，形式参数2,…])
{   声明部分
      语句
}
```

(4) 定义空函数。定义空函数的一般形式为：

```
返回数据类型标识符  函数名(   )
{              }
```

空函数用来占一个位置，以备日后逐步扩充。保留空函数有程序结构清楚、可读性好、扩充新功能方便、对程序结构影响不大等优点。

4. 函数的调用形式

在 C 程序中，是通过对函数的调用来执行被调函数的函数定义中函数体内的代码，来实现函数的功能的。函数调用的一般形式为：函数名(实参表列);。如调用无参函数，则"实参表列"可以没有，但括号不能省略；若实参表列含多个实参，则各参数间用逗号隔开。

按照函数调用在程序中出现的形式与位置来分，函数调用分为函数语句调用、函数表达式调用和函数参数调用三种形式。

(1) 函数语句调用。把函数调用单独作为一个语句，如 printf_star();。这时不要求函数返回值，只要求函数完成一定的操作。

(2) 函数表达式调用。函数调用出现在另一个表达式中，如 c=max(a,b);。这时要求函数返回一个确定的值以参加表达式的运算。

(3) 函数参数调用。函数调用作为另一函数调用时的实参，如 m=max(a,max(b,c));，其中，max(b,c)是一次函数调用，它的值作为 max 另一次调用的实参。

5. 函数调用时的数据传递

(1) 在调用有参函数时，主调函数与被调函数间有数据传递。主调函数向被调函数传递数据通过实际参数和形式参数实现；被调函数向主调函数传递数据通过返回语句实现。

形式参数简称形参，定义函数时函数名后面括号中的变量称为"形式参数"。

实际参数简称实参，调用函数时，即在主调函数调用一个函数时，函数名后面括号中的参数称为"实际参数"。

(2) 主调函数向被调函数传递参数时分有值传递和地址传递两种方式。以数组作为函数的参数为例，数组元素作为参数传递是传值方式，数组名作为参数传递是传地址方式。

① 传值方式参数结合的过程是当函数调用时，系统将实参的值复制给形参，实参与形参断开了联系，在过程体内对形参的任何操作都不会影响实参。

② 传地址方式参数结合的过程是当函数调用时，将实参的地址传递给形参，实参和形参指向同一地址，因此在被调过程体中对形参的任何操作都变成了对相应实参的操作，实参的值将随过程体内对形参的改变而改变。

(3) 被调函数向主调函数的数据传递是通过返回语句实现的，即函数的返回值是通过 return 语句获得的。return 语句将被调用函数的一个确定的值返回主调函数中。

return 语句的一般形式：return(函数的返回值);或 return　函数的返回值;。

return 语句后面的括号可以省略，函数的返回值是有确定值的常量、变量或表达式。

使用 return 语句应注意以下几点。

(1) return 后面的值可以是一个表达式，如语句 return (x>y? x:y); 。

(2) 一个函数中可以有一个以上的 return 语句，执行到哪一个 return 语句，哪一个就起作用，则终止函数执行，并返回函数值。但是函数一次只能执行其中的一个。如语句 return (x>y? x:y); 可改写成语句 if (x>y) then return (x); else return (y);。

(3) return 后面可以无返回值，即语句 return;中无返回值，则该 return 语句只起到终止函数执行、返回主调函数的作用。

(4) 在定义函数时指定的函数类型一般应该和 return 语句中的表达式类型一致，如果函数值的类型和 return 语句中表达式的值不一致，则以定义函数时指定的函数类型为准。

6. 对被调用函数的声明和函数原型

函数必须先声明(定义)后使用，即先声明才可以被调用。函数声明又称为函数原型，函数原型的一般形式有两种：float add(float x, float y);或者 float add(float, float);。

在一个函数中调用另一个函数需要具备如下条件：

(1) 被调用函数必须是已经定义的函数(是库函数或用户自己定义的函数);

(2) 如果使用库函数，应该在本文件开头加相应的#include 指令；

(3) 如果使用自己定义的函数，而该函数的位置在调用它的函数后面，应该声明。

所以，函数声明适用于调用函数的定义出现在主调函数之后的情况。

函数声明与函数定义是有区别的，函数声明可以和函数定义分开，一个函数只可以定义一次，但是可以声明多次。

【融入思政元素】

通过函数结构化的程序分析，培养学生工程项目分析能力和管理能力，引导学生掌握结构化思维，学会在结构里面思考和做事。我们人类所生活的世界、宇宙以及我们人体本身就是一个结构，结构化思维要体现出解决问题的思想或原理，同时包含关键元素及关系。结构是人类思考的重要手段，直接参与人类的认知过程。

7. 函数的嵌套调用和递归调用

C 语言的函数定义是互相平行、独立的，即函数不能嵌套定义，但可以嵌套调用，即调用一个函数的过程中，又可以调用另一个函数。

C 语言的特点之一就在于允许函数的递归调用。在调用一个函数的过程中又出现直接或间接地调用该函数本身，称为函数的递归调用。编写递归调用程序有两个要点：一是要找到正确的递归算法，这是编写递归程序的基础；二是要确定递归算法的结束条件，这是决定递归程序能否正常结束的关键。

【融入思政元素】

通过递归函数的定义，说明言传身教的重要性。我们知道，教育是一个影响人的过程，而言传身教，就是一种教育方式。我们常常用自己的语言教育人，用自己的行动带动人，用自己的做法感动人，用自己的表现启发人。

8. 变量的作用域与存储方式

(1) 每一个变量都有一个特定的数据类型来决定该变量的存储空间大小，作用域表示变量作用的有效范围，生存期决定变量在存储空间中的存储方式。

(2) 从变量作用域的角度来看，变量可以分为全局变量和局部变量。从变量生存期来看，变量的存储有两种不同的方式，即静态存储方式和动态存储方式。

7.2 实验 10：函数程序设计(1)

7.2.1 实验目的

(1) 掌握自定义函数的声明、定义和调用方法。
(2) 理解主调函数和被调函数之间的参数传递方式。

7.2.2 实验内容

1. 程序示例

【程序 7.1】 上机运行程序，练习函数定义、调用和声明，验证运行结果与分析的结果是否相符，并记录运行结果。

```
#include <stdio.h>
int main( )
{ long factorial (int n);            //函数原型声明
  int m, n;
  long c;
  scanf("m=%d,n=%d", &m, &n);
  c=factorial(m)/factorial(n);       //调用语句 c=factorial(m)/factorial(n)
      c=c/factorial(m-n);            //调用语句 c=c/factorial(m-n)
  printf("%ld\n",c);
  return 0;
}
long factorial (int n)               //自定义函数 factorial 的功能是求 n!
{  long fact;
   int  i;
```

```
    for (fact=1, i=2; i<=n; i++)
    fact *= i ;
    return ( fact );
}
```

【程序 7.2】上机运行程序，练习各种函数调用的方法，验证运行结果与分析的结果是否相符，并记录运行结果。

```
#include <stdio.h>
int main( )
{ int max(int x,int y) ;        //有参函数 max 的函数声明
  int a,b,c,c1,c2,c3,c4,c5;
  scanf("a=%d,b=%d,c=%d",&a,&b,&c);
  c1=max(a,b);
  c2=max(4,9);
  c3=6+max(4,9);
  c4=max(a,max(b,c));
  c5=max(6,max(4,9));
  printf("c1=max(a,b)=%d\n",c1);
  printf("c2=max(4,9)=%d\n",c2);
  printf("c3=6+max(4,9)=%d\n",c3);
  printf("c4=max(a,max(b,c))=%d\n",c4);
  printf("c5=max(6,max(4,9))=%d\n",c5);
  printf("max=%d\n",max(6,max(4,9)));
  return 0;
}
int max(int x,int y)     //定义有参函数 max，求出两个整数中的较大数
{ int z;
  if (x > y) z = x;
  else z = y;
  return(z);
}
```

2. 程序阅读

【程序 7.3】在阅读并理解程序思路的基础上，理解函数的值传递，补充注释内容，并上机运行程序，验证运行结果与分析的结果是否相符，记录运行结果。

```
#include <stdio.h>
void fun(int p)
{    int d=3;
  p=d++;
  printf("fun 函数中 p=%d\n",p);
}
int main( )
{    int a=1;
    fun(a);
  printf("main 函数中 a=%d\n",a);
  return 0;
}
```

3. 程序改错

【**程序 7.4**】程序中有 4 处错误，上机调试程序，修改有错误的语句行，并输出正确的运行结果。

第 1 行：#include<stdio.h>

第 2 行：int main( )

第 3 行：{ int max(int x,int y);

第 4 行：int a,b,c;

第 5 行：scanf("%d,%d",&a,b);

第 6 行：max(a,b);

第 7 行：printf("max is %d\n,c");

第 8 行：return 0; }

第 9 行：int max (int x,int y);

第 10 行：{ int z ;

第 11 行：z=x>y?x:y;

第 12 行：return (z);

第 13 行：}

4. 程序完善

【**程序 7.5**】已知求班级学生 C 语言成绩的平均分函数 aver 和最高分函数 max，根据注释填写相应语句，上机运行程序，实现一个学生班级 C 语言成绩处理程序。

```c
#include <stdio.h>
#define N 10
float aver(float x[], int n)   //求平均分函数
{ int i; float sum=0;
  for(i=0;i<n;i++) sum+=x[i];
  return  sum/n;
}
float max (float x[], int n)   //求最高分函数
{ int i ; float m=x[0];
  for(i=1;i<n;i++) if(m<x[i]) m=x[i];
  return  m ;
}
```

(1) 设计统计班级学生 C 语言成绩不及格人数的函数。

```c
int  fault(float x[], int n)   //统计不及格人数函数
{ _____①_____        //定义循环变量和统计变量
  _____②_____        //查询不及格分数，统计人数
 return  f;  //返回不及格人数
}
```

(2) 设计主函数：从键盘输入学生 C 语言成绩，调用平均分、最高分和统计不及格人数的函数，输出平均分、最高分和不及格人数。

```c
int  main()
{ float a[N]; //定义成绩数组
```

```
int i;  //定义循环变量
printf("请输入 10 个学生的成绩:"); //提示输入成绩
        ③                          // 输入成绩
printf("平均分=%.1f\n",aver(a,N));  //调用平均分函数并输出
printf("最高分=%.1f\n", max(a,N));  //调用最高分函数并输出
        ④                         //调用统计不及格人数函数并输出
return 0;
}
```

5. 程序设计

【程序 7.6】设计三个函数，分别实现计算圆周长、圆面积和圆球体积的功能，通过主函数由键盘键入圆半径 r 的值，调用三个函数实现具体的计算值输出。

【程序 7.7】用非递归方法编写一个求 n! 的函数，在主函数中实现计算：1!+2!+3!+4!+5!+…+20!。

7.2.3 实验指导

1. 程序示例

【程序 7.1】上机运行程序，练习函数定义、调用和声明，验证运行结果与分析的结果是否相符，并记录运行结果。

1) 分析

(1) 自定义函数 factorial 的功能是求 n!，是被调函数，主函数 main 是主调函数，调用语句 c=factorial(m)/factorial(n);，求得 c= m! / n!，调用语句 c=c/factorial(m-n);，求得 c= (m! / n!) / (m-n)!。

(2) 自定义函数 factorial 在调用它的主函数 main 的后面，必须声明 long factorial (int n);，函数声明与函数定义中的函数头相似，但函数头 long factorial (int n)没有分号。

(3) 调用语句 c=factorial(m)/factorial(n);和 c=c/factorial(m-n); 可以合并成一条语句 c=(factorial(m)/factorial(n))/factorial(m-n);。

2) 参考答案

此程序验证正确，程序运行结果如图 7-1 所示。

图 7-1 程序 7.1 运行结果

【程序 7.2】上机运行程序，练习各种函数调用的方法，验证运行结果与分析的结果是否相符，并记录运行结果。

1) 分析

(1) 如果使用自己定义的函数，而该函数的位置在调用它的函数后面，应该声明。自定义函数 max 在主函数 main 的后面，所以主函数 main 中需用一条语句 int max(int x,int y) ;表示有参函数 max 的函数声明。

(2) 自定义函数 max 的功能是求出两个整数中的较大数，是被调函数，调用语句 c1=max(a,b);求得变量 a 和 b 中的较大值并赋值给 c1；调用语句 c2=max(4,9);求得常量 4 和 9 中的较大值并赋值给 c2=9；调用语句 c3=6+max(4,9);求得 c3=6+c2=6+9=15。

(3) 调用语句 c4=max(a,max(b,c)); 求得变量 a=6、b=4 和 c=9 中的较大值赋给 c4=9；调用语句 c5=max(6,max(4,9));求得常量 6、4 和 9 中的较大值赋给 c5=9,即先通过语句 max(4,9) 求得常量 4 和 9 中的较大值 9，再通过语句 c5=max(6, 9) 求得常量 6 和 9 中的较大值赋给 c5=9；语句 printf("max=%d\n",max(6,max(4,9)));中先调用语句 max(6,max(4,9)) 求得常量 6、4 和 9 中的较大值 9，再调用 printf 语句，输出常量 6、4 和 9 的最大值 9。

2) 参考答案

此程序验证正确，程序运行结果如图 7-2 所示。

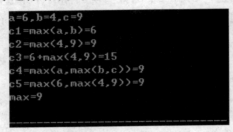

图 7-2　程序 7.2 运行结果

2. 程序阅读

【程序 7.3】在阅读并理解程序思路的基础上，理解函数的值传递，补充注释内容，并上机运行程序，验证运行结果与分析的结果是否相符，记录运行结果。

1) 分析

(1) 主调函数向被调函数的数据传递是通过参数实现的，使用函数传递参数时有值传递和地址传递两种方式，本题应用的是值传递，即把实参的值传给形参，是单向传递，形参的改变不会影响实参的值。

(2) 程序中，把实参 a 的值传给形参 p，通过 main() 函数中 int a=1; fun(a); 语句将 a 的值 1 传给 p，即 p=1，然后通过 fun () 函数中 int d=3;p=d++;，先赋值后使用，则 p=3，d=4，即 fun 函数输出 p 的值为 p=3。最后返回到主程序中，因形参 p 的改变不会影响实参 a 的值，a 的值仍为 1，则在 main 函数中输出 a 的值为 a=1。

2) 参考答案

此程序验证正确，程序运行结果如图 7-3 所示。

图 7-3　程序 7.3 运行结果

3. 程序改错

【程序 7.4】程序中有 4 处错误，上机调试程序，修改有错误的语句行，并输出正确的运行结果。

1) 分析

(1) 语法错误，注意格式输入函数 scanf () 与格式输出函数 printf() 的区别，格式输入函数 scanf() 的一般格式为 scanf ("输入格式"，输入参数地址表列)；格式输出函数 printf() 的一般格式为 printf ("输出格式"，输出参数表列);。

(2) 定义函数 max 在调用它的主函数 main 的后面，必须声明 int max(int x,int y);，函数声明与函数定义中的函数头相似，但函数头 int max(int x,int y) 没有分号。

(3) 从函数返回值角度看，函数分为有返回值函数和无返回值函数两种，函数 max 的功能为求两个数中的最大值，需返回两个数中的最大值，即为有返回值的函数。函数被调用执行完后将向调用函数返回一个执行结果，即函数的返回值 c，则调用语句 max(a,b); 应该改成 c=max(a,b);。

2) 参考答案

程序代码改错如下：

(1) 第 5 行，b 改成 &b;。

(2) 第 6 行，max(a,b); 改成 c=max(a,b);。

(3) 第 7 行，printf("max is %d\n,c"); 改成 printf("max is %d\n",c);。

(4) 第 9 行，int max (int x,int y); 去掉分号。

此程序验证正确，注释与运行结果如下。

```c
#include <stdio.h>
int main( )
{ int max(int x,int y);
  int a,b,c;
  scanf("%d,%d",&a,&b);
  c=max(a,b);
  printf("max is %d\n",c);
  return 0;
  }
  int max (int x,int y)
{ int z ;
  z=x>y?x:y;
  return (z);
}
```

程序运行结果如图 7-4 所示。

图 7-4　程序 7.4 运行结果

4. 程序完善

【程序 7.5】已知求班级学生 C 语言成绩的平均分函数 aver 和最高分函数 max，根据注释，填写相应语句，上机运行程序，实现一个学生班级 C 语言成绩处理程序。

1) 分析

(1) 通过 #define N 10 和求平均分函数 aver 和最高分函数 max 判断班级学生有 10 个 C

语言成绩，为单精度实型 float 型，存放在数组中，可以用循环和数组的知识完成程序。

(2) 设计统计班级学生 C 语言成绩不及格人数的函数 fault，可以用循环和判断的语句 for(i=0;i<n;i++) if(x[i]<60) f++;完成；设计主函数，通过语句 for(i=0;i<N;i++) scanf("%f",&a[i])；从键盘输入学生 C 语言成绩，通过语句 aver(a,N)调用平均分函数、max(a,N) 调用最高分函数、fault(a,N) 调用统计不及格人数函数，输出平均分、最高分和不及格人数。

2) 参考答案

① int i,f=0;

② for(i=0;i<n;i++) if(x[i]<60) f++;

③ for(i=0;i<N;i++) scanf("%f",&a[i]);

④ printf("不及格人数=%d\n", fault(a,N));

此程序验证正确，注释与运行结果如下。

```
#include <stdio.h>
#define N 10
float aver(float x[], int n)              //求平均分函数
{ int i; float sum=0;
  for(i=0;i<n;i++) sum+=x[i];
  return  sum/n;
}
float max (float x[], int n)              //求最高分函数
{ int i ; float m=x[0];
  for(i=1;i<n;i++) if(m<x[i]) m=x[i];
  return  m ;
}
int  fault(float x[], int n)              //统计不及格人数函数
{ int i,f=0;                              //定义循环变量和统计变量
  for(i=0;i<n;i++) if(x[i]<60) f++;       //查询不及格分数，统计人数
  return  f;  //返回不及格人数
}
int  main()
{ float a[N]; //定义成绩数组
  int i;  //定义循环变量
  printf("请输入10个学生的成绩:");        //提示输入成绩
  for(i=0;i<N;i++) scanf("%f",&a[i]);     //输入成绩
  printf("平均分=%.1f\n",aver(a,N));      //调用平均分函数并输出
  printf("最高分=%.1f\n", max(a,N));      //调用最高分函数并输出
  printf("不及格人数=%d\n", fault(a,N));  //调用统计不及格人数函数并输出
  return 0;
}
```

程序运行结果如图 7-5 所示。

请输入10个学生的成绩:89 78 56 90.5 96.8 75.5 65 79 59.9 36
平均分=72.6
最高分=96.8
不及格人数=3

图 7-5　程序 7.5 运行结果

5. 程序设计

【**程序 7.6**】设计三个函数，分别实现计算圆周长、圆面积和圆球体积的功能，通过主函数由键盘键入圆半径 r 的值，调用三个函数实现具体的计算值输出。

1）分析

(1) 该程序可以参照程序 7.5 完成。设计自定义函数 float zc(int n){…}来计算圆周长；自定义函数 float mj (int n) {…}来计算圆面积；自定义函数 float tj(int n){…}来计算圆球体积。

(2) 设计主函数，通过语句 scanf("%f",&r);从键盘输入圆的半径，通过语句 zc(r)调用计算圆周长函数、mj (r)调用计算圆面积函数、tj(r)调用计算圆球体积函数，输出圆周长、圆面积和圆球体积。

2）参考答案

程序代码如下：

```
#include <stdio.h>
#define pi 3.14
float zc(int n)                    //计算圆周长
{ float l;
  l=2*pi*n;                        //计算圆周长 l
  return  l;
}
float mj (int n)                   //计算圆面积
{ float s;
  s=n*n*pi;                        //计算圆面积 s
  return  s ;
}
 float tj(int n)                   //计算圆球体积
{  float v;
   v=4.0/3*pi*n*n*n;               //计算圆球体积 v
   return  v;
}
int main ()
{ float r;
 printf("请输入圆半径 r: ");
 scanf("%f",&r);                   //要求输入圆半径 r
 printf("圆周长为:        l=%6.2f\n", zc(r));     //输出圆周长 l,保留 2 位小数
 printf("圆面积为:        s=%6.2f\n", mj (r));     //输出圆面积 s,保留 2 位小数
 printf("圆球体积为:      v=%6.2f\n", tj(r));     //输出圆球体积 v,保留 2 位小数
 return 0;
 }
```

程序运行结果如图 7-6 所示。

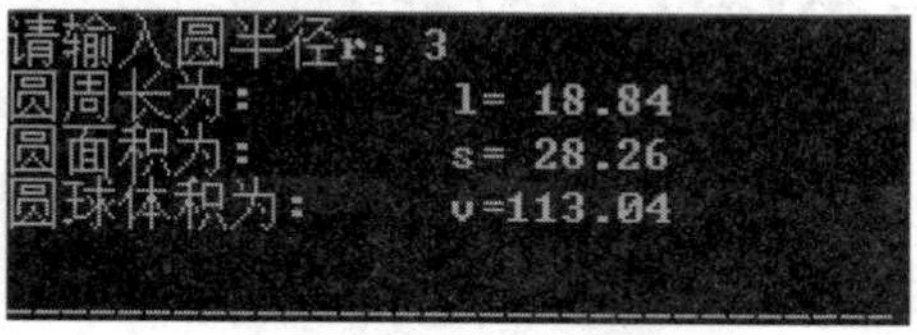

图 7-6　程序 7.6 运行结果

【程序 7.7】用非递归方法编写一个求 n! 的函数，在主函数中实现计算：
1!+2!+3!+4!+5!+…+10!。

1) 分析

(1) 参照循环结构中求 1+2+3+4+5+…+10 的解决方法，求 n! 可以理解成从 1 开始，乘 2，再乘 3，一直乘到 n。自定义函数 fac 中语句 for(i=1;i<=n;i++) f=f*i; 求得 f=1×2×3×…×n。

(2) 自定义函数 fac 在调用它的主函数 main 后面，必须声明 double fac(int n);，且函数声明与函数头 double fac(int n)相比只多一个分号。因为 n! 可能是个很大的数，超过整型数据类型的取值范围，会越界溢出，故函数 fac 的返回值设计成双精度实型 double 比较安全。

(3) 主函数 main 中通过循环语句 for(n=1;n<=10;n++) s=s+fac(n); 调用函数 fac 10 次，累加求得 s=fac(1)+fac(2)+fac(3)+…+fac(n)，即 1!+2!+3!+4!+5!+…+10!。

2) 参考答案

程序代码如下：

```c
#include <stdio.h>
int  main()
{ double fac(int n);
  int n;
  double s=0;
  for(n=1;n<=10;n++)
  s=s+fac(n);
  printf("1!+2!+3!+4!+5!+...+10!=%lf\n",s);
  return 0;
}
 double fac(int n)
  {
  double f=1;
  int i;
  for(i=1;i<=n;i++)
    f=f*i;
  return(f);
  }
```

程序运行结果如图 7-7 所示。

```
1!+2!+3!+4!+5!+...+10!=4037913.000000
```

图 7-7　程序 7.7 运行结果

7.3　实验 11：函数程序设计(2)

7.3.1　实验目的

(1) 掌握函数嵌套调用和递归调用的方法。

(2) 理解嵌套调用和递归调用之间的相同点和不同点。

(3) 了解全局变量、局部变量、动态变量、静态变量的概念和使用方法。

7.3.2 实验内容

1. 程序示例

【程序 7.8】上机运行程序，理解函数的值传递，验证运行结果与分析的结果是否相符，记录运行结果。

```
#include <stdio.h>
int main( )
{  int max2(int a,int b);              //对 max2 函数声明
   int a,b,c,d,max;
   printf("请输入 4 个整数:");
   scanf("%d%d%d%d",&a,&b,&c,&d);      //输入 4 个整数
   max=max2(max2(max2(a,b),c),d);      //调用函数 max2，求出 4 个数中的最大值
   printf("max=%d \n",max);
   return 0;
}
int max2(int a,int b)                  //定义函数 max2，求 2 个数中的最大值
{  if(a>=b)
   return a;
   else
   return b;
}
```

【程序 7.9】上机运行程序，理解函数的嵌套调用，验证运行结果与分析的结果是否相符，并记录运行结果。

```
#include <stdio.h>
int f(int x,int y)
{ return ((y-x)*x);}
int main( )
{   int a=3,b=4,c=5,d;
    d=f(f(a,b),f(a,c));
    printf("d=%d\n",d);
    return 0;
}
```

【程序 7.10】上机运行程序，理解函数的递归调用，验证运行结果与分析的结果是否相符，并记录运行结果。

```
#include <stdio.h>
fun(int x)
{   if(x/2>0) fun(x/2); printf("%d ",x); }
int main( )
{ fun(6);
  printf("\n");
  return 0;
}
```

2. 程序阅读

【程序 7.11】上机运行程序，练习静态变量的使用，验证运行结果与分析的结果是否相符，并分析如果是动态变量结果会如何改变。

```c
#include <stdio.h>
int fun()
{  static int x=1;
   x*=2;
   return x;
}
int main( )
{  int i,s=1;
   for(i=1;i<=3;i++)
     s*=fun();
   printf("%d\n",s);
   return 0;
}
```

【程序 7.12】上机运行程序，练习函数的递归调用，验证运行结果与预习结果是否相符，并分析该程序有什么不妥的地方。

```c
#include <stdio.h>
int fac(int n)    //定义递归函数 fac
{   int f;
    if(n<0)
    printf("n<0,data error!");
    else if(n==0||n==1)      //表示 1!=1 或者 0!=1
        f=1;
        else  f=fac(n-1)*n;      //表示 n!=n * (n-1)!
    return(f);
}
int main( )
{  int n;  int y;
   printf("请输入数字，求阶乘:");
   scanf("%d",&n);
   y=fac(n);                  //调用 fac 函数，求 n!
   printf("%d!=%d\n",n,y);
   return 0;
}
```

3. 程序设计

【程序 7.13】用递归方法编写一个求 n!的函数，在主函数中实现计算：1!+2!+3!+4!+5!+…+10!。

【程序 7.14】用函数嵌套和递归方法编写函数，在主函数中实现求两个整数的最大公约数和最小公倍数。

7.3.3 实验指导

1. 程序示例

【程序 7.8】上机运行程序，理解函数的值传递，验证运行结果与自己分析的结果是否相符，记录运行结果。

1）分析

（1）自定义函数 max2 的功能是求 2 个数中的最大值，是被调函数，主函数 main 是主调函数，调用语句 max2(a,b) 求得变量 a 和 b 中的最大值。

（2）主函数 main 中的调用语句 max=max2(max2(max2(a,b),c),d);，三次调用函数 max2，求出 4 个数中的最大值。函数嵌套调用由内向外，第 1 次调用 max2(a,b)，得到 a、b 中的最大值；第 2 次调用 max2((a、b 中的最大值), c)，得到 a、b、c 中的最大值；第 3 次调用 max2((a、b、c 中的最大值), d)，得到 a、b、c、d 中的最大值。

2）参考答案

此程序验证正确，程序运行结果如图 7-8 所示。

图 7-8　程序 7.8 运行结果

【程序 7.9】上机运行程序，理解函数的嵌套调用，验证运行结果与自己分析的结果是否相符，并记录运行结果。

1）分析

（1）自定义函数 int f(int x,int y){…}的功能是返回(y-x)*x 的值，是被调函数，主函数 main 是主调函数，调用语句 f(a,b)求得(b-a)*a 的值。

（2）主函数 main()中，变量 a=1，b=2，c=3，变量 d 用来接收调用函数后返回的值，调用语句 d=f(f(a,b),f(a,c));共嵌套调用了 3 次 f 函数。

（3）第一次调用 f(a,b)，返回 f(1,2)=(2-1)*1 的值为 1；第二次调用 f(a,c)，返回 f(1,3)=(3-1)*1 的值为 2；第三次调用 f(f(a,b),f(a,c))，即 f(1,2)= (2-1)*1 执行后的返回值为 1，赋值给变量 d，最后输出结果为 d=1。

2）参考答案

此程序验证正确，程序运行结果如图 7-9 所示。

图 7-9　程序 7.9 运行结果

【程序 7.10】上机运行程序，理解函数的递归调用，验证运行结果与自己分析的结果是否相符，并记录运行结果。

1）分析

（1）自定义函数 fun(int x){…}是递归函数，是被调函数，主函数 main 中只有一句调用语句 fun(6);，自定义函数 fun 中 if(x/2>0) fun(x/2);语句递归调用函数 fun 3 次，有 fun (6)、fun (3)和 fun (1)。

（2）程序的执行过程是先递推、后递归。当 x=1 时，条件不成立，递推终止。程序执行流程如图 7-10 所示。

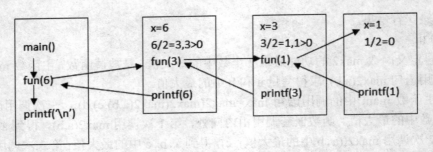

图 7-10　程序执行流程

2) 参考答案

此程序验证正确，程序运行结果如图 7-11 所示。

图 7-11　程序 7.10 运行结果

2. 程序阅读

【程序 7.11】上机运行程序，练习静态变量的使用，验证运行结果与自己分析的结果是否相符，并分析如果是动态变量结果会如何变化。

1) 分析

(1) 自定义函数 int fun(){…}是被调函数，主函数 main 是主调函数，main 函数中循环语句 for(i=1;i<=3;i++) s*=fun();可改写成 for(i=1;i<=3;i++) s= s*fun();，调用了三次 fun()函数。

(2) 静态变量类型 static。函数 fun 执行完 static int x=1;x*=2;等语句后空间并不释放，而且只初始化一次。所以第一次调用 fun 函数后，x 的值为 x=x*2=1*2=2，返回后 s 的值为 s= s*fun()=1*2=2；第二次调用后，x 的值为 x=x*2=2*2=4，返回后 s 的值为 s= s*fun()=2*4=8；第三次调用后，x 的值为 x=x*2=4*2=8，返回后 s 的值为 s= s*fun()=8*8=64，故最后变量 s 的值为 64。

(3) 如果函数 fun 中的 static int x=1; 语句去掉 static，修改成 int x=1，则 x 变成动态变量，主函数 main 不变，程序运行结果会如何改变？动态变量在执行完语句后空间释放，所以第一次调用 fun 函数后，x 的值为 x=x*2=1*2=2，返回后 s 的值为 s= s*fun()=1*2=2，动态变量 x 释放；第二次调用后，重新产生新的动态变量 x，x 的值为 x=x*2=1*2=2，返回后 s 的值为 s= s*fun()=2*2=4；第三次调用后，重新产生新的动态变量 x，x 的值为 x=x*2=1*2=2，返回后 s 的值为 s= s*fun()=4*2=8，故最后变量 s 的值为 8。

2) 参考答案

(1) 此程序验证正确，程序运行结果如图 7-12 所示。

图 7-12　程序 7.11 运行结果(1)

(2) 若去掉语句 static int x=1;中的 static，修改成 int x=1，x 变成动态变量，主函数 main 不变，程序代码如下：

```
int fun()
{   int x=1;
    x*=2;
    return x;
}
```

程序运行结果如图 7-13 所示。

图 7-13　程序 7.11 运行结果(2)

【**程序 7.12**】上机运行程序，练习函数的递归调用，验证运行结果与预习结果是否相符，并分析该程序有什么不妥的地方。

1) 分析

(1) 本程序有编写递归程序的两个要点，递归算法是 n!=n*(n-1)!，结束条件是 1!=1 或 0!=1。

(2) 因为 n!可能是个很大的数，32!即超过整型数据类型的取值范围，会越界溢出，故将函数 fac 的返回值设计成双精度实型 double 才可以求得更大的值。

2) 参考答案

(1) 若求 0~31 的阶乘，此程序才验证正确，程序运行结果如图 7-14 所示。

```
请输入数字，求阶乘:5
5!=120
Press any key to continue
```

图 7-14　程序 7.12 运行结果(1)

(2) 若求大于等于 32 的阶乘，则会越界溢出，程序运行结果如图 7-15 所示。

```
请输入数字，求阶乘:32
32!=-2147483648
Press any key to continue
```

图 7-15　程序 7.12 运行结果(2)

(3) 若将函数 fac 的返回值设计成双精度实型 double，程序代码如下：

```
#include <stdio.h>
double fac(int n)          //定义递归函数 fac
{   double f;
    if(n==0||n==1)         //表示 1!=1 或者 0!=1
        f=1;
    else  f=fac(n-1)*n;    //表示 n!=n * (n-1)!
    return(f);
}
int main( )
{  int n;  double y;
```

```
      printf("请输入数字，求阶乘:");
      scanf("%d",&n);
      if(n<0)
            printf("n<0,data error!\n");
      else
      { y=fac(n);                    //调用 fac 函数，求 n!
        printf("%d!=%lf\n",n,y);
          }
      return 0;
}
```

程序运行结果如图 7-16 所示。

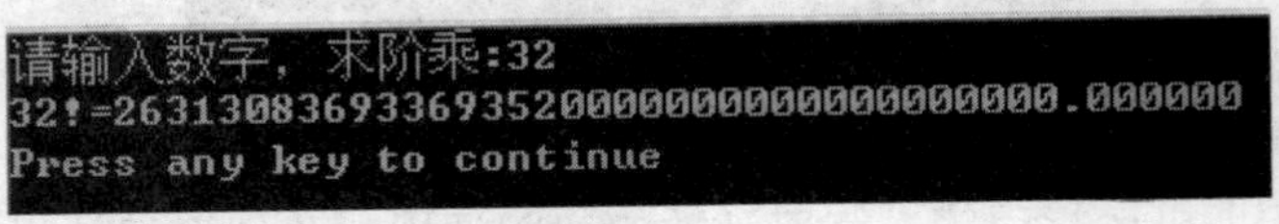

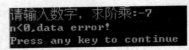

请输入数字，求阶乘:32
32!=263130836933693520000000000000000000.000000
Press any key to continue

图 7-16　程序 7.12 运行结果(3)

(4) 若求负数的阶乘，则会报错，不输出错误结果，程序运行结果如图 7-17 所示。

请输入数字，求阶乘:-7
n<0,data error!
Press any key to continue

图 7-17　程序 7.12 运行结果(4)

3. 程序设计

【**程序 7.13**】用递归方法编写一个求 n!的函数，在主函数中实现计算：1!+2!+3!+4!+5! +…+10!。

1) 分析

(1) 参照程序 7.9，通过递归算法 n!=n*(n-1)!求得 n!，编写自定义递归函数 double fac(int n){…}。

(2) 参照程序 7.7，通过循环语句 for(i=1;i<=10;i++) s=s+fac(i); 多次调用 fac 函数求得 1!+2!+3!+4!+5!+…+10!，编写主函数 int main{…}。

2) 参考答案
程序代码如下。

```
#include <stdio.h>
int  main()
{ double fac(int n);
  int i;
  double s=0;
  for(i=1;i<=10;i++)
  s=s+fac(i);
  printf("1!+2!+3!+4!+5!+...+10!=%lf\n",s);
  return 0;
}

double fac(int n)
{ double f;
```

```
      if(n==0||n==1)
        f=1;
   else  f=fac(n-1)*n;
      return(f);
}
```

程序运行结果如图 7-18 所示。

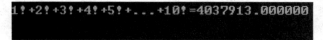

图 7-18　程序 7.13 运行结果

【程序 7.14】用嵌套和递归方法编写函数，在主函数中实现求两个整数的最大公约数和最小公倍数。

1) 分析

(1) 求两个整数的最大公约数和最小公倍数除常用的辗转相除法外，还可以采用数学定义法、递归调用法等。

(2) 假设两个数为变量 a 和 b，设其中 a 作被除数，b 作除数，temp 为余数，则辗转相除法的算法过程为：大数放 a 中，小数放 b 中，求 a/b 的余数，并存入 temp；如果 temp=0，则 b 为最大公约数；如果 temp!=0，则把 b 的值给 a、temp 的值给 b；返回第 2 步。

(3) 采用递归调用法要注意递归终止条件的描述，只有找到递归变化的规律，才能有效地解决问题。

2) 参考答案

程序代码如下。

方法一：函数嵌套调用。

```
#include <stdio.h>
int divisor (int a,int b)          /*自定义函数求两数的最大公约数*/
{ int  temp;                        /*定义整型变量*/
  if(a<b)                           /*通过比较求出两个数中的最大值和最小值*/
    { temp=a;a=b;b=temp;}           /*设置中间变量进行两数交换*/
    while(b!=0)                     /*通过循环求两数的余数，直到余数为 0*/
    { temp=a%b; a =b; b=temp; }     /*变量数值交换*/
  return (a);                       /*返回最大公约数到调用函数处*/
}
int multiple (int a,int b)         /*自定义函数求两数的最小公倍数*/
{ int divisor (int a,int b);        /*自定义函数返回值类型*/
  int temp;
  temp=divisor(a,b);                /*再次调用自定义函数，求出最大公约数*/
  return  (a*b/temp);               /*返回最小公倍数到主调函数处进行输出*/
}
main()
{ int m,n,t1,t2;                    /*定义整型变量*/
  printf("请输入两个整数:");         /*提示输入两个整数*/
  scanf("%d%d",&m,&n);              /*通过终端输入两个数*/
  t1=divisor(m,n);                  /*自定义主调函数*/
  t2=multiple(m,n);                 /*自定义主调函数*/
```

```
    printf("最大公约数= %d\n",t1);          /*输出最大公约数*/
    printf("最小公倍数= %d\n", t2);          /*输出最小公倍数*/
}
```

方法二：函数递归调用。

```
int gcd (int a,int b)
{   if(a%b==0)
    return b;
    else
    return gcd(b,a%b);
}
#include <stdio.h>
main()
{   int m,n,t1;
    printf("请输入两个整数:");
    scanf("%d%d",&m,&n);
    t1=gcd(m,n);
    printf("最大公约数= %d\n",t1);          /*最大公约数*/
    printf("最小公倍数= %d\n",m*n/t1);        /*最小公倍数*/
}
```

程序运行结果如图 7-19 所示。

图 7-19　程序 7.14 运行结果

7.4 本章实验复习小结

1. 实验复习

　　函数是 C 语言的基本单位，是程序设计的重要手段，C 程序可以包含一个主函数和多个其他函数。C 程序必须有且只能有一个名为 main 的主函数，其执行总是从 main 函数开始，到 main()函数结束。

　　函数与变量一样，也必须"先定义，后使用"。函数声明与函数定义是有区别的，函数声明可以和函数定义分开，一个函数只可以定义一次，但是可以声明多次。函数声明适用于调用函数的定义出现在主调函数之后。

　　按照函数调用在程序中出现的形式与位置，函数调用分为函数语句调用、函数表达式调用和函数参数调用三种形式。主调函数向被调函数的数据传递是通过参数实现的，使用函数传递参数时有值传递和地址传递两种方式。以数组作为函数的参数为例，数组元素作为参数传递是传值方式，数组名作为参数传递是传地址方式。

　　C 语言的函数定义都是互相平行、独立的，一个函数并不从属于另一个函数，也就是说，在定义函数时，一个函数内不能包含另一个函数的定义。C 语句不能嵌套定义函数，但可以嵌套调用函数。

在调用一个函数的过程中又出现直接或间接地调用该函数本身，称为函数的递归调用。编写递归程序有两个要点：一是要找到正确的递归算法，这是编写递归程序的基础；二是要确定递归算法的结束条件，这是决定递归程序能否正常结束的关键。

每一个变量都有一个特定的数据类型决定变量存储空间的大小，作用域表示变量作用的有效范围，生存期决定变量在存储空间中的存储方式。从变量作用域的角度来看，变量可以分为全局变量和局部变量。从变量生存期来看，变量的存储有两种不同的方式，即静态存储和动态存储。

2. 实验小结

实验完成 内容记录	
实验易错点 记录	
实验收获	
实验成绩	
指导老师实验 评语	

第 8 章 C 语言的精华——指针

本章预习知识点

1. 指针

一个变量的地址称为该变量的"指针",专门存放变量地址的变量就是指针变量。指针变量就是地址变量(存放地址的变量),指针变量的值(即指针变量中存放的值)是地址。

2. 指针变量

指针变量就是专门用来存放内存地址的变量,它是一种特殊的变量,其特殊之处在于它的变量值是地址,而不是普通的数据。

定义指针变量的一般形式如下:

```
基类型 *指针变量名;
```

其中,*表示这是一个指针类型的变量,基类型表示本指针变量所指向的变量的数据类型。

指针的运算包括算术运算和关系运算。

【融入思政元素】

通过指针的学习,培养学生高效处理问题的能力。指针存放变量的地址,数据就可以通过变量名或指针来访问。通过使用指针,知道程序对象在内存中的位置,使用该地址来访问对象,将更加高效和方便地使用宝贵的内存空间,从而编写出精练而高效的程序。

3. 指针与一维数组

一个数组的元素在内存中是连续存放的,数组第一个元素的地址称为数组的首地址。C语言规定数组名是该数组的首地址。例如,有如下定义语句:

```
int a[10],*p;
```

则语句 p=a;和 p=&a[0]是等价的,都表示指针 p 指向数组 a 的首地址。

若数组的首地址是 a,且指针变量 p 指向该数组的首地址(即 p=a;),则:

数组的第 0 个元素 a[0]的地址是 a(等价于 p);

数组的第 1 个元素 a[1]的地址是 a+1(等价于 p+1);

数组的第 2 个元素 a[2]的地址是 a+2(等价于 p+2);

……

数组的第 i 个元素 a[i]的地址是 a+i(等价于 p+i);

……

数组的第 n-1 个元素 a[n-1]的地址是 a+n-1(等价于 p+n-1)。

由于 a+i 为 a[i]的地址,因此用指针给出数组元素的地址和内容有以下几种表示形式:

(1) p+i 和 a+i 都表示 a[i]的地址，它们都指向 a[i]。

(2) *(p+i)和*(a+i)都表示 p+i 或者 a+i 所指向对象的内容，即 a[i]。

(3) 指向数组元素的指针也可以表示成数组的形式，也就是说，指针变量也可以带有下标，如 p[i]与*(p+i)等价。

4．用数组名作函数参数

当用数组作为函数参数时，实参可以是数组名或者指向数组的指针，形参也必须是数组名或指向数组的指针，这样就有 4 种参数传递方式：

(1) 形参、实参都用数组名；

(2) 形参、实参都用指针变量；

(3) 形参用数组名，实参用指针变量；

(4) 形参用指针变量，实参用数组名。

5．指针与二维数组

在 C 语言中，将二维数组看成一维数组的嵌套，即一个特殊的一维数组。其中，每个元素又是一个一维数组，在内存中按行顺序存放。利用指针访问二维数组可以采用两种方式：指向数组元素的指针和行指针。

6．指针与字符串

在 C 语言程序中，可以使用两种方法来实现访问一个字符串：一种方法是使用字符数组，另一种是使用指针。在字符串处理中，使用字符指针往往比使用字符数组更方便。

7．字符指针作函数参数

将一个字符串从一个函数传递给另一个函数，可以使用字符数组名作参数，也可以使用指向字符串的指针变量作参数，在被调用的函数中改变字符串的内容，在主调函数中可以得到改变了的字符串。

8．指向函数的指针

在 C 语言中，一个函数编译后就要在内存中占用一段连续的存储单元，这段存储单元从一个特定的地址开始，这个地址就称为该函数的入口地址(或函数的首地址)，也称为该函数的指针。

可以定义一个指针变量，然后将某个函数的入口地址赋给该指针变量，使该指针变量指向该函数，则该指针变量就称为指向函数的指针变量，这样就可以通过指针变量找到，并调用该函数。

定义指向函数的指针变量的一般形式为：

```
类型标识符  (*指针变量名) (  )；
```

【融入思政元素】

通过用指针实现函数之间的共享变量、共享函数名或数据结构，培养同学们资源共享、团队合作的意识。

9. 返回指针的函数

在 C 语言中，允许一个函数的返回值是一个指针，有时把返回指针值的函数称为指针型函数。

返回指针型函数的一般定义形式为：

```
类型说明符    *函数名(形参表)
{  函数体   }
```

10. 指针数组

一个数组的若干元素均为指针型数据类型，称为指针数组，即每个元素都是指针类型的数组。

指针数组的定义形式为：

```
类型名   *数组名[数组长度];
```

8.2　实验 12：指针程序设计(1)

8.2.1　实验目的

(1) 理解指针与指针变量的概念。
(2) 能正确使用数组的指针和指向数组的指针变量。
(3) 能正确使用字符串的指针和指向字符串的指针变量。

8.2.2　实验内容

1. 程序示例

【程序 8.1】上机运行程序，验证运行结果与分析的结果是否相符，并记录运行结果。

```c
#include <stdio.h>
int main( )
{ int x=9,y=5,c,*a=&x,*b=&y,*w=&c;
 *a=*a+*a;
 *w=*a;
 *a=*b;
 *b=*w;
 printf("%d,%d\n",x,y);
 return 0;
}
```

【程序 8.2】上机运行程序，验证运行结果与分析的结果是否相符，并记录运行结果。

```c
#include <stdio.h>
int main( )
{ char a[]="programming",b[]="language" ;
 char *p1,*p2;
 int i;
```

```
p1=a;p2=b;
for(i=0;i<7;i++)
if(*(p1+i)==*(p2+i))
printf("%c",*(p1+i));
printf("\n");
return 0;
}
```

2. 程序阅读

【**程序 8.3**】在阅读并理解程序思路的基础上，说明程序功能，补充注释内容，并上机运行程序，验证运行结果与分析的结果是否相符，记录运行结果。

```
#include <stdio.h>
int main( )
{ int a=28,b;
char s[10],*p;
p=s;
do{b=a%16;
        if(b<10)  *p=b+48;
        else      *p=b+55;
        p++;
        a=a/5;
    }while(a>0);
*p='\0';
puts(s);
return 0;
}
```

3. 程序改错

【**程序 8.4**】该函数实现的功能是将长整型 s 中的每一位为偶数的数依次取出，构成一个新数放在 p 中，高位仍在高位，低位仍在低位。例如，当 s 中的数为 87653142 时，p 中的数为 8642。改正程序中的 5 处错误，使它能得出正确的结果。

第 1 句：#include <stdio.h>

第 2 句：int main( )

第 3 句：{ long s,p,*t=p;

第 4 句：   int d;

第 5 句：   long s1=1;

第 6 句：   printf("\nPlease enter s:");

第 7 句：   scanf("%ld",s);

第 8 句：   *t=0;

第 9 句：   while(s>0)

第 10 句：{ d=s%10;

第 11 句：   if(d%2=0)

第 12 句：   { t=d*s1+*t;

第 13 句：   s1*=10;

第 14 句：   }

第 15 句：   s\=10;

第 16 句： }

第 17 句： printf("The result is: %ld\n",p);

第 18 句： return 0;

第 19 句：}

4. 程序完善

【程序 8.5】上机运行程序，利用指针实现两个字符串的连接，补充完善程序内容，并验证运行结果与分析的结果是否相符，记录运行结果。

```
#include <stdio.h>
#include <string.h>
int main( )
{ char str1[100],str2[100],*p,*q;
 printf("请输入两个字符串：\n");
 gets(str1);
 gets(str2);
 p=str1+strlen(str1);
 q=str2;
 while(____①____)
 { *p=*q;
     ____②____;
     ____③____;
 }
     ____④____;
 printf("连接后新串为：\n");
 puts(str1);
 return 0;
}
```

5. 程序设计

【程序 8.6】编写函数，输入一个八进制数，输出为十进制数。

【程序 8.7】编写函数，计算一个字符在一个字符串中出现的次数。

8.2.3 实验指导

1. 程序示例

【程序 8.1】上机运行程序，验证运行结果与分析的结果是否相符，并记录运行结果。

1) 分析

程序中的#include <stdio.h>是预处理命令，其作用是在调用库函数时将相关文件 stdio.h 包含到程序中。有了此行，就可以成功地调用 C 语言标准库 stdio.h 中提供的输入、输出函数，如格式输出函数 printf("%d,%d\n",x,y);。

程序中的 main 是主函数名，每一个 C 程序都必须包含而且只能包含一个主函数。用一对大括号括起来的部分是函数体。

int x=9,y=5,c,*a=&x,*b=&y,*w=&c;定义了三个整型变量 x、y、c，并把地址赋给指针 a、指针 b 和指针 w。*a=*a+*a;实现了指针 a 所指向的变量 x 和 x 求和，再赋值给变量 x。

*w=*a;*a=*b;*b=*w;三条语句的功能是：指针 a 所指向的变量 x 和指针 b 所指向的变量 y 进行了数据的交换。

2）参考答案

程序运行结果如图 8-1 所示。

图 8-1　程序 8.1 运行结果

【程序 8.2】 上机运行程序，验证运行结果与分析的结果是否相符，并记录运行结果。

1）分析

程序中的#include <stdio.h>是预处理命令，其作用是在调用库函数时将相关文件 stdio.h 包含到程序中。程序中的 main(){…}是主函数部分。

char a[]="programming",b[]="language";定义了两个字符串，分别放在字符数组 a 和 b 中；char *p1,*p2;定义了两个 char *型指针 p1、p2；p1=a;p2=b;实现了将字符数组 a 的首地址赋给 p1，字符数组 b 的首地址赋给 p2。

for(i=0;i<7;i++)表示循环 7 次；if(*(p1+i)==*(p2+i))printf("%c",*(p1+i));意思是如果 p1+i 和 p2+i 地址中的字符相等，就输出 p1+i 地址中的字符。

2）参考答案

程序运行结果如图 8-2 所示。

图 8-2　程序 8.2 运行结果

2. 程序阅读

【程序 8.3】 在阅读并理解程序思路的基础上，补充注释内容，并上机运行程序，验证运行结果与分析的结果是否相符，记录运行结果。

1）分析

语句 int a=28,b;定义了两个整型变量 a,b；语句 char s[10],*p; p=s;定义了一个字符数组和一个 char *指针，并将字符数组首地址赋给指针 p。

do{…}while(a>0); 循环语句，当 a>0 时，就执行循环体语句。语句 b=a%16;是将 a 除以 16 的余数赋给 b。

if(b<10) *p=b+48; else *p=b+55;意思是当 b<10 时，将 b+48 的值赋给指针 p 所指向的变量；当 b>=10 时，将 b+55 的值赋给指针 p 所指向的变量。p++; a=a/5;意思是指针 p 往后挪动一个单位，将 a/5(整除)的商赋给 a。

*p='\0'; puts(s);是在获取的字符后加字符串结束标志 '\0'，并输出该字符串。

2) 参考答案

此程序的注释与运行结果如下。

```
#include <stdio.h>
int main( )
{ int a=28,b;              //定义两个整型变量 a、b
  char s[10],*p;           //定义一个字符数组 s 和一个 char *指针 p
  p=s;                     //将字符数组 s 的首地址赋给指针 p
  do{ b=a%16;              //将 a 除以 16 的余数赋给 b
        if(b<10)  *p=b+48; //当 b<10 时，将 b+48 的值赋给*p
        else    *p=b+55;   //当 b>=10 时，将 b+55 的值赋给*p
        p++;
        a=a/5;             //将 a/5 整除的结果赋给 a
  }while(a>0);
  *p='\0';                 //加字符串结束标志
  puts(s);                 //输出字符串 s
  return 0;
}
```

程序运行结果如图 8-3 所示。

图 8-3   程序 8.3 运行结果

3. 程序改错

【程序 8.4】该函数实现的功能是将长整型 s 中每一位上为偶数的数依次取出，构成一个新数放在 p 中，高位仍在高位，低位仍在低位。例如，当 s 中的数为 87653142 时，p 中的数为 8642。改正程序中的 5 处错误，使它能得出正确的结果。

1) 分析

(1) 指针变量存放的是地址，只能把变量的地址赋给指针，long s,p,*t=p;改为 long s,p,*t=&p;。

(2) 语法错误，格式输入函数 scanf( )的一般格式：scanf("输入格式"，输入地址表列);，scanf("%ld",s);改为 scanf("%ld",&s);。

(3) 语法错误，"="是赋值，"=="是相等的比较运算符，if(d%2=0)改为 if(d%2==0)。

(4) 语法错误，d*s1+*t 是数值，只能赋给指针所指向的变量，而不能赋给指针变量本身，t=d*s1+*t; 改为*t=d*s1+*t;。

(5) 语法错误，"/"是除号，"\"代表转义字符。

2) 参考答案

① 第 3 句：long s,p,*t=p; 改成 long s,p,*t=&p;。

② 第 7 句：scanf("%ld",s); 改成 scanf("%ld",&s);。

③ 第 11 句：if(d%2=0) 改成 if(d%2==0)。

④ 第 12 句：t=d*s1+*t; 改成*t=d*s1+*t;。

⑤ 第 15 句： s\=10; 改成 s/=10;。

程序运行结果如图 8-4 所示。

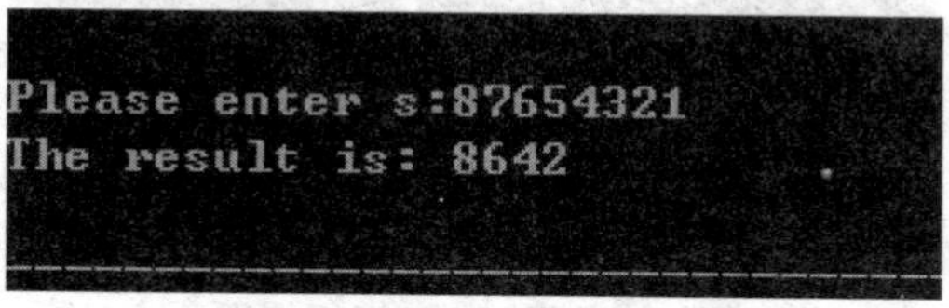

图 8-4 程序 8.4 运行结果

4. 程序完善

【程序 8.5】上机运行程序，利用指针实现两个字符串的连接，补充程序完善内容，并验证运行结果与分析的结果是否相符，记录运行结果。

1) 分析

(1) 判断字符串是否结束，如果没结束就执行字符串拼接语句。

(2)～(3) 将第二个字符串的一个字符拼接在第一个字符串之后，应继续复制下一个字符，两个字符串都向后挪动一个字符的位置。

(4) 拼接结束，要在字符后添加字符串标志。

2) 参考答案

① *q!='\0'

② p++;

③ q++;

④ *p='\0';

此程序验证正确，注释与运行结果如下。

```c
#include <stdio.h>
#include <string.h>
int main( )
{ char str1[100],str2[100],*p,*q;
  printf("请输入两个字符串：\n");
  gets(str1);
  gets(str2);
  p=str1+strlen(str1);          /*p 指向第一个串的末尾*/
  q=str2;                       /*q 指向第二个串的首部*/
  while(*q!='\0')               /*如果第二个串未结束，继续执行*/
  { *p=*q;
    p++;                        /*指针 p 向后移动*/
    q++;                        /*指针 q 向后移动*/
  }
  *p='\0';                      /*串末尾加上结束标志*/
  printf("连接后新串为：\n");
  puts(str1);
  return 0;
}
```

程序运行结果如图 8-5 所示。

图 8-5　程序 8.5 运行结果

5. 程序设计

【**程序 8.6**】编写函数，输入一个八进制数，输出为十进制数。

1) 分析

将八进制数存放在一个字符数组中，进行数值转换，即 n=n*8+*p-'0';。

2) 参考答案

程序代码如下：

```c
#include <stdio.h>
int main( )
{ char *p,s[6];int n;
  p=s;
  printf("Please input an ocal number: \n");
  gets(p);
  n=0;
  while(*(p)!='\0')
   { n=n*8+*p-'0';
     p++;
   }
  printf("The decimal number is:%d\n",n);
  return 0;
}
```

程序运行结果如图 8-6 所示。

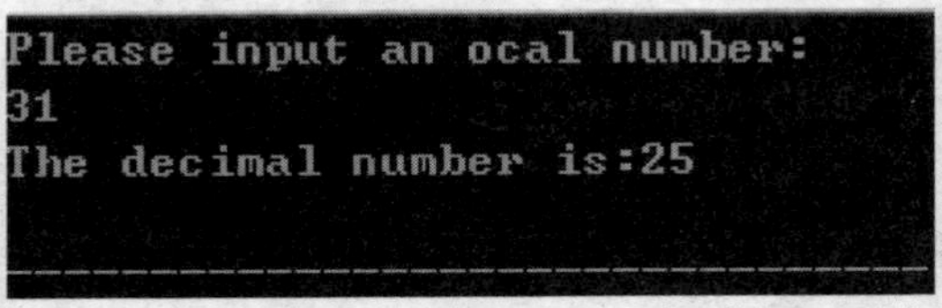

```
Please input an ocal number:
31
The decimal number is:25
```

图 8-6　程序 8.6 运行结果

【**程序 8.7**】编写函数，计算一个字符在一个字符串中出现的次数。

1) 分析

设字符串为 what are you doing now?，字符为 a，那么字符 a 出现的次数为 2 次。使用 gets()函数获取字符串。

2) 参考答案

程序代码如下：

```c
#include <stdio.h>
#include <string.h>
```

```
int main( )
{ char str[100];
  char *s=str, c;
  int count=0;
  printf("Please input a string:\n");
  gets(s);
  printf("Please input a character:\n");
  scanf("%a",&a);
  while(*s)
  { if(*s==a)
    count++;
    s++;
  }
  printf("字符 a 出现的次数为:%d\n",count);
  return 0;
}
```

程序运行结果如图 8-7 所示。

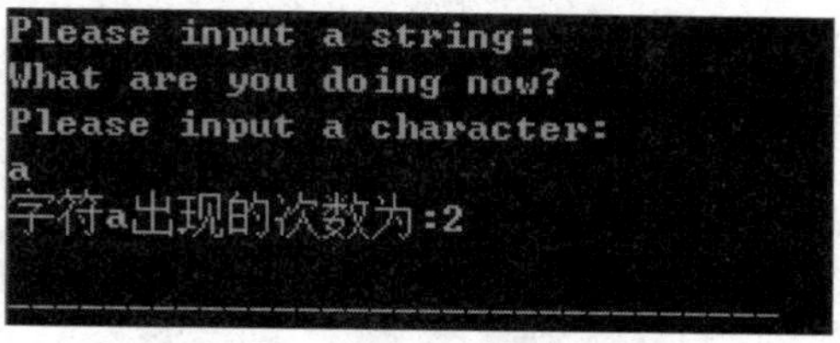

图 8-7　程序 8.7 运行结果

8.3　实验 13：指针程序设计(2)

8.3.1　实验目的

(1) 学会用指针作为函数参数的方法。
(2) 学会使用函数的指针和指向函数的指针变量。

8.3.2　实验内容

1. 程序示例

【程序 8.8】程序代码如下，分析该程序的运行结果。

```
#include <stdio.h>
void swap(int *x,int *y)
{ int t;
  t=*x;*x=*y;*y=t;
}
int main( )
{ int a[9]={1,2,3,4,5,6,7,8,9},i,*p,*q;
  p=a;q=&a[8];
  while(*p!=*q)
```

```
      { swap(p,q);  p++;  q--; }
    for(i=0;i<9;i++)
     printf("%d",a[i]);
    return 0;
}
```

2. 程序阅读

【程序 8.9】程序代码如下，分析该程序的运行结果。

```
#include <stdio.h>
#include <string>
int main( )
{   char str[]="cdalb";
    void abc(char *p);
    abc(str);
    puts(str);
return 0;
}

void abc(char *p)
{ int i,j;
  for(i=0,j=0;*(p+i)!='\0';i++)
  if(*(p+i)>='d')
  {
     *(p+j)=*(p+i);
     j++;
  }
  *(p+j)='\0';
}
```

3. 程序完善

【程序 8.10】下面程序的功能是将一个整数字符串转换为一个整数，如将字符串"−3267"转换为整数−3267。补充程序完善内容，并验证运行结果与分析的结果是否相符，记录运行结果。

```
#include <stdio.h>
#include <string.h>
int main( )
{ char s[6];
  int n;
  int chnum(char *p);
printf("Please input a string:\n");
  gets(s);
  if(*s=='-') n=-chnum(s+1);
  else n=chnum(s);
  printf("%d\n",n);
  return 0;
}

int chnum(char *p)
```

```
{ int num=0,k,len,j;
 len=strlen(p);
 for( ;____①____ ; p++)
  { k=____②____;
    len--;
    j=len;
    while(____③____)
     { k=k*10;j--; }
    num=num+k;
  }
  return  num;
}
```

【程序 8.11】下面程序的功能是统计子串 substr 在母串 str 中出现的次数。补充完善程序内容，并验证运行结果与分析的结果是否相符，记录运行结果。

```
#include <stdio.h>
int count(char *str,char *substr)
{ int  i, j, k, num=0;
for(i=0;____①____;i++)
for(____②____,k=0;substr[k]==str[j];k++,j++)
 if(substr[____③____]=='\0' )
 { num++;break; }
 return num;
}
int main( )
{ char str[80],substr[80];
  int n;
  printf("Please input a string:\n");
  gets(str);
  printf("Please input a substring:\n");
  gets(substr);
  printf("The result is %d\n",count(str,substr));
  return 0;
}
```

4. 程序设计

【程序 8.12】编写函数实现计算字符串的长度(包括'\0'所占的长度)。

【程序 8.13】编程函数实现从键盘输入一个大于 1 的正整数 n，计算 $1+2+3+\cdots+n$，要求用函数指针完成。

8.3.3　实验指导

1. 程序示例

【程序 8.8】程序代码如下，分析该程序的运行结果。

1) 分析

void swap(int *x,int *y){}是一个自定义函数，该函数实现交换指针 x 和指针 y 所指向的变量的值。

程序从 main()函数开始执行，定义了数组 a 和两个指针 p、q，p 指向数组 a 的首地址，q 指向数组 a 的最后一个元素。将数组 a 的首末地址传给 p、q，while(*p!=*q)意思是当 p、q 所指向的元素不等时就执行循环体语句{swap(p,q); p++; q--;}，交换 p、q 所指向的变量的值，然后 p 向后移动一个单位，q 向前移动一个单位，直到*p==*q 时，退出循环。所以 a[0]和 a[8]，a[1]和 a[7]，a[2]和 a[6]，a[3]和 a[5]交换后，p、q 都指向 a[4]，此时*p==*q 退出循环。

for(i=0;i<9;i++)   printf("%d",a[i]);语句打印输出数组 a 中的全部元素。

最后输出结果为：987654321。

2) 参考答案

调试该程序，运行结果如图 8-8 所示。

图 8-8   程序 8.8 运行结果

2. 程序阅读

【程序 8.9】分析下列程序的运行结果。

1) 分析

main()是主函数，定义一个字符串存储在字符数组 str 中，调用自定义函数 abc(char *p)，然后打印输出字符串。abc(char *p)函数的功能是从字符串中提取 ASCII 值不小于'd'的字符，构成新的字符串，并替换原有的字符串。因此形成的新字符串为"dl"。

2) 参考答案

调试该程序，运行结果如图 8-9 所示。

图 8-9   程序 8.9 运行结果

3. 程序完善

【程序 8.10】下面程序的功能是将一个整数字符串转换为一个整数，如将字符串"-3267"转换为整数-3267。补充完善程序内容，并验证运行结果与分析的结果是否相符，记录运行结果。

1) 分析

main()中定义了一个字符数组 s 用来存储整数字符串，定义整型 n 用来存储转换后的整数。"gets(s);"从键盘获取整数字符串。

"if(*s=='-') n=-chnum(s+1); else n=chnum(s);"的作用是如果整数字符串带负号，n 变为负数，把除去"-"外的字符串即第二个字符地址传给 chnum()函数将其转换成整数，否则就直接把字符串首地址传给 chnum()函数将其转换成整数。

自定义函数 chnum(char *p)中，定义 len 用来存储字符串长度，当字符串没结束时执行 k=*p-'0'; 将字符转换成数字；求和时，高位还要乘以 10 的幂次；最后将转换的结果赋给整型变量 num 返回。

只要 j 不等于 0 就乘以 10，从而控制乘以 10 的次数，while()中应填 j!=0。

2) 参考答案

① ___*p!='\0'___。

② ___*p-'0'___。

③ ___j!=0___。

调试该程序，运行结果如图 8-10 所示。

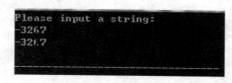

图 8-10　程序 8.10 运行结果

【程序 8.11】下面程序的功能是统计子串 substr 在母串 str 中出现的次数。补充完善程序内容，并验证运行结果与分析的结果是否相符，记录下运行结果。

1) 分析

main()函数定义两个字符串：母串 str 和子串 substr，整数 n 用来统计出现子串的次数，使用 gets()函数从键盘给字符串数组赋值，调用字符串统计函数 count()后输出结果。

自定义函数中，str、substr 代表字符串首地址，当母串没遇到结束标志时，就统计子串出现的次数。当子串和母串有一个字符相等时，就连续比较后面的字符，如果当前字符与母串字符相等，并且子串的下一字符是结束标识时，说明母串中有一个子串，统计结果 num+1，直至比较到母串最后一个字符结束循环。最后 num 就是统计的结果。

2) 参考答案

① ___str[i]!='\0'___。

② ___j=i___。

③ ___k+1___。

调试该程序，运行结果如图 8-11 所示。

```
Please input a string:
If you tried,you could do the work better.
Please input a substring:
you
The result is 2
```

图 8-11　程序 8.11 运行结果

4. 程序设计

【程序 8.12】编写函数实现计算字符串的长度(包括'\0'所占的长度)。

1) 分析

定义函数 int myLength(char *ps)计算字符串的长度，并且包含结束标志'\0'所占的长度，函数返回值 length 为计算字符串的长度。主函数中定义一个字符串数组 str、一个 char *指针 p，将 str 赋给 p，通过 p 调用函数 myLength ()计算字符串长度。

2) 参考答案

程序代码如下。

```c
#include <stdio.h>
int myLength(char *ps)
{ int length=0;
  while(*ps)
  { length++;
    ps++;
  }
  length++;
  return length;
}
int main( )
{ char str[100],*p;
  int length=0;
  printf("请输入 100 字符以内的字符串：\n");
  gets(str);
  p=str;  /*p 指向字符串的开始*/
  length=myLength(p);
  printf("字符串长度为：%d\n",length);
  return 0;
}
```

调试该程序，运行结果如图 8-12 所示。

图 8-12   程序 8.12 运行结果

【**程序 8.13**】编程实现从键盘输入一个大于 1 的正整数 n，计算 1+2+3+⋯+n，要求用函数指针完成。

1) 分析

定义函数 long fun(int n)计算 1+2+3+⋯+n，函数返回值为计算的表达式的和。主函数中定义指向一个函数 fun()的指针变量 p，通过它对函数 fun()进行调用。

2) 参考答案

程序代码如下。

```c
#include <stdio.h>
long fun(int n);
int main( )
{ int n;
  long (*p)(int),s;
  printf("input n:\n");
  scanf("%d",&n);
  p=fun;
  s=(*p)(n);
```

```
  printf("sum=%ld",s);
  return 0;
}
long fun(int n)
{ int i;
  long sum=0;
  for(i=1;i<=n;i++)
  sum=sum+i;
  return sum;
}
```

程序运行结果如图 8-13 所示。

```
input n:
100
sum=5050
```

图 8-13 程序 8.13 运行结果

8.4 本章实验复习小结

1. 实验复习

指针是 C 语言中的一个重要概念，也是 C 语言的一个重要特色，指针的使用非常灵活，通过指针可以灵活访问各种数据，利用指针能有效地表示复杂数据结构，可以方便使用数组、函数和字符串等。

指针要点总结如下：

准确理解指针。指针就是地址，凡是出现“指针”的地方，都可以用“地址”代替。

理解“指向”的含义，地址就意味着指向，因为通过地址能找到该地址的对象。

掌握在对变量的操作中正确地使用指针。

掌握在对数组的操作中正确地使用指针。

掌握在对函数的操作中正确地使用指针。

理解返回指针的函数与指针数组的用法。

2. 实验小结

实验完成内容记录	
实验易错点记录	

实验收获	
实验成绩	
指导老师实验评语	

第 9 章　用户自己建立数据类型

9.1　本章预习知识点

1. 结构体的概念

有时需要将不同类型的数据组合成一个有机的整体，以便于引用。这些不同类型的数据往往存在一定的内在联系，为了整体存放这些类型不同的数据，C 语言提供了一种构造类型：结构体类型。

【融入思政元素】

结构体类型的学习，可以解决在之前的学习中不同类型数据组合的问题。通过这种问题解决的方式培养学生努力拓展思维、理论与实际相结合的思维习惯。

2. 结构体类型的定义

结构体类型是用户在程序中自己定义的一种数据类型。结构体类型必须先定义，然后利用定义好的结构体类型来定义变量、数组、指针等。

定义结构体类型的一般形式为：

```
struct   结构体类型名
{ 数据类型1    成员名1;
  数据类型2    成员名2;
  数据类型3    成员名3;
  ……
  数据类型n    成员名n;
};
```

【融入思政元素】

通过结构体定义的学习，树立学生协同工作的理念，在工作中要充分发挥各组员的特长，提高办事效率。

3. 结构体类型变量的定义及初始化

结构体类型变量的定义一般有以下三种形式。

(1) 先定义结构体类型，再定义结构体类型的变量。

(2) 定义结构体类型的同时定义结构体类型的变量及初始化。

(3) 可以省略结构体类型名，定义结构体类型的同时定义变量并赋初值。

4. 结构体类型变量成员的引用

定义好结构体变量后，就可以使用变量了。一般不能直接使用结构体变量，只能引用结构体变量的成员。引用结构体变量成员的一般形式如下：

```
结构体变量名.成员名
```

其中，"."称为成员运算符，成员运算符在所有的运算符中优先级是最高的。

5. 结构体数组

结构体数组中的每一个元素相当于一个具有相同结构体类型的变量，结构体数组是具有相同类型的结构体变量的集合。

【融入思政元素】

结构体类型可以解决在之前的学习中不同类型数据组合的问题，结构体数组仍然要符合数组的基本规则，以此让学生明白一个集体需要每个成员都遵守相应的规则，培养学生细致钻研的学风、求真务实的品德。

6. 指向结构体变量的指针

当一个变量用来存放结构体变量的地址时，该变量就是指向结构体变量的指针。定义指向结构体变量的指针的一般形式为：

```
struct   结构体类型名   *指针变量名;
```

利用结构体指针变量访问结构体变量的成员，有以下三种方法。
(1) (*指针变量名).结构体成员名。
(2) 指针变量名->结构体成员名。
(3) 结构体变量.成员名。

7. 指向结构体数组的指针

指针变量可以指向一个结构体数组，此时结构体指针变量的值是整个结构体数组的首地址。结构体指针变量也可指向结构体数组中的某一个元素，此时结构体指针变量的值是该数组元素的首地址。

用指向数组的指针对数组元素的引用有 3 种方法：
(1) 指针法；
(2) 地址法；
(3) 指针的数组表示法。

9.2 实验 14：结构体程序设计

9.2.1 实验目的

(1) 熟练掌握结构体类型变量的定义和使用方法。
(2) 熟练掌握结构体数组的定义和使用方法。

9.2.2 实验内容

1. 程序示例

【程序 9.1】 在阅读并理解程序思路的基础上，上机运行程序，补充注释内容，验证运行结果与分析的结果是否相符，记录运行结果。该程序定义一个结构体变量，其成员项包括学号、姓名、年龄、分数；通过键盘输入所需的具体数据，然后输出。

```c
#include <stdio.h>
#include <string.h>
struct   student
{ int  num;
  char  name[20];
  char sex;
  int age;
  float score;
};
int main( )
{ struct student stu1;
  printf("请输入学号:");
  scanf("%d",&stu1.num);
  printf("请输入姓名:");
  scanf("%s",stu1.name);
  printf("请输入年龄:");
  scanf("%d",&stu1.age);
  printf("请输入分数:");
  scanf("%f",&stu1.score);
  printf("输出学号、姓名、年龄、分数为:\n");
  printf("%d,%s,%d,%.2f\n",stu1.num,stu1.name,stu1.age,stu1.score);
  printf("\n");
  return 0;
}
```

【**程序 9.2**】在阅读并理解程序思路的基础上，上机运行程序，补充注释内容，验证运行结果与分析的结果是否相符，记录运行结果。该程序利用结构体数组编制程序，班级 10 名同学推举三名同学竞选班长，统计候选人选票。

```c
#include <stdio.h>
#include <string.h>
struct person
 { char name[20];
   int count;
 }leader[3]={"lilei",0,"hanmeimei",0,"wangtao",0};
int main( )
{   int i,j;
    char leader_name[20];
    for(i=1;i<=10;i++)
     { scanf("%s",leader_name);
              for(j=0;j<3;j++)
                if(strcmp(leader_name,leader[j].name)==0)
                  leader[j].count++;
     }
     printf("\n");
     for(i=0;i<3;i++)
     printf("%5s:%d\n",leader[i].name,leader[i].count);
  return 0;
}
```

【**程序 9.3**】在阅读并理解程序思路的基础上，上机运行程序，补充注释内容，验证运行结果与分析的结果是否相符，记录运行结果。该程序建立结构体数组，并输入 3 名学生的学号、姓名、性别等基本信息，并输出，要求使用指针变量来指向结构体数组及其元素。

```c
#include <stdio.h>
struct student
 { int num;
   char name[20];
   char sex;
   int age;
 } stu[3]={{10101,"Li Lin",'M',18},
          {10102,"Zhang Fun",'M',19},
          {10104,"Wang Min",'F',20}};
int main( )
{ struct student *p;
  for(p=stu;p<stu+3;p++)
  printf("%d %s %c %d\n",p->num,p->name,p->sex,p->age);
  return 0;
}
```

2. 程序改错

【**程序 9.4**】程序中有 2 处错误，上机调试程序，修改有错误的语句行，并输出正确的运行结果。

第 1 句：#include<stdio.h>

第 2 句：structemployee

第 3 句：{ char name[10];

第 4 句：   float salary;

第 5 句： };

第 6 句：int main()

第 7 句：{ struct employee a;

第 8 句：   scanf("%s",a.name);

第 9 句：   printf("请输入工资:");

第 10 句： scanf("%f",a.salary);

第 11 句： printf("输出姓名，工资为:\n");

第 12 句： printf("%s, %.2f\n",a.name, a. salary);

第 13 句： return 0;

第 14 句：}

【**程序 9.5**】程序中有 2 处错误，上机调试程序，修改有错误的语句行，并输出正确的运行结果。

第 1 句： #include<stdio.h>

第 2 句： int   main()

第 3 句： {   struct student ;

第 4 句：   { long int num;

第 5 句： char name[30];
第 6 句： char sex;
第 7 句： }a={202002,"Zhang Shan","M"};
第 8 句： printf("NO.:%ld\nname:%s\nsex:%c\n",a.num,a.name,a.sex);
第 9 句： return 0;
第 10 句： }

3. 程序设计

【程序 9.6】编写程序，建立 3 个学生的结构记录，包括学号、姓名、成绩，然后计算其平均成绩，并输出。

【程序 9.7】试利用指向结构体的指针编制程序，输入 3 个学生的学号以及语文、 数学、英语成绩，然后计算其平均成绩，并输出成绩表。

9.2.3 实验指导

1. 程序示例

【程序 9.1】在阅读并理解程序思路的基础上，上机运行程序，补充注释内容，验证运行结果与分析的结果是否相符，记录运行结果。该程序定义一个结构体变量，其成员项包括学号、姓名、年龄、分数；通过键盘输入所需的具体数据，然后输出。

1) 分析

先定义一个结构体类型，其成员项 int num、char name[10]、char sex int age、float score 分别表示学号、姓名、性别、年龄、分数。定义一个结构体类型变量，输入输出结构体变量的成员值注意使用"结构体变量名.成员名"的形式。

2) 参考答案

此程序验证正确，注释与运行结果如下。

```c
#include <stdio.h>
#include <string.h>
struct    student          //声明结构体类型
{ int   num;               //以下五行为结构体成员
  char  name[20];
  char sex;
  int age;
  float score;
};
int main( )
{ struct student stu1;     //定义结构体变量 stu1
  printf("请输入学号:");
  scanf("%d",&stu1.num);   //根据提示输入该变量对应的成员信息
  printf("请输入姓名:");
  scanf("%s",stu1.name);
  printf("请输入年龄:");
  scanf("%d",&stu1.age);
  printf("请输入分数:");
  scanf("%f",&stu1.score);
```

```
    printf("输出学号、姓名、年龄、分数为:\n");
    printf("%d,%s,%d,%.2f\n",stu1.num,stu1.name,stu1.age,stu1.score);
/*输出 stu1 的信息*/
    printf("\n");
    return 0;
}
```

程序运行结果如图 9-1 所示。

图 9-1　程序 9.1 运行结果

【程序 9.2】在阅读并理解程序思路的基础上，上机运行程序，补充注释内容，验证运行结果与分析的结果是否相符，记录运行结果。该程序利用结构体数组编制程序，班级 10 名同学推举三名同学竞选班长，统计候选人选票。

1) 分析

定义一个结构体类型，其成员项包括 num[20]、count，分别表示学生的姓名和得票数。计算出每个候选人的得票数，并输出。

2) 参考答案

此程序验证正确，注释与运行结果如下。

```
#include <stdio.h>
#include <string.h>
struct person                          //声明结构体类型
  { char name[20];
    int count;
  }leader[3]={"lilei",0,"hanmeimei",0,"wangtao",0};
 /*定义结构体数组 leader 并初始化*/
int main( )
{   int i,j;
char  leader_name[20];
    for(i=1;i<=10;i++)                 //设定循环条件，投票人数为 10 人
    {   scanf("%s",leader_name);       //输入得票人姓名
            for(j=0;j<3;j++)           //设定循环条件，确定被计票人
                if(strcmp(leader_name,leader[j].name)==0)
//比对得票是否是该候选人
                leader[j].count++;  //统计该候选人的票数
  }
    printf("\n");
    for(i=0;i<3;i++)
    printf("%5s:%d\n",leader[i].name,leader[i].count);   //输出候选人的票数
  return 0;
}
```

程序运行结果如图 9-2 所示。

```
lilei lilei lilei lilei lilei lilei
hanmeimei hanmeimei hanmeimei  wangtao

lilei:6
hanmeimei:3
wangtao:1
```

图 9-2　程序 9.2 运行结果

【**程序 9.3**】在阅读并理解程序思路的基础上，上机运行程序，补充注释内容，验证运行结果与分析的结果是否相符，记录运行结果。该程序建立结构体数组，输入 3 名学生的学号、姓名、性别等基本信息，并输出，要求使用指针变量来指向结构体数组及其元素。

1) 分析

定义一个结构体类型，其成员项包括 num、name[20]、sex、age，分别表示学生的学号、姓名、性别和年龄。然后定义指向结构体数组的指针，并使用指针变量输出。

2) 参考答案

此程序验证正确，注释与运行结果如下。

```
#include <stdio.h>
struct student                                   //声明结构体类型
 {  int num;
    char name[20];
    char sex;
    int age;
 } stu[3]={{10101,"Li Lin",'M',18},
          {10102,"Zhang Fun",'M',19},
       {10104,"Wang Min",'F',20}};               //定义结构体数组并初始化
int main( )
{  struct student *p;                    //定义指向 struct student 结构体变量的指针变量
   for(p=stu;p<stu+3;p++)
   printf("%d %s %c %d\n",p->num,p->name,p->sex,p->age);  //输出结果
   return 0;
}
```

程序运行结果如图 9-3 所示。

```
10101 Li Lin M 18
10102 Zhang Fun M 19
10104 Wang Min F 20
```

图 9-3　程序 9.3 运行结果

2. 程序改错

【**程序 9.4**】程序中有 2 处错误，上机调试程序，修改有错误的语句行，并输出正确的运行结果。

1) 分析

本题属于简单结构体变量的使用问题。

(1) 语法错误。声明结构体类型时，应注意其一般形式，关键字 struct 和结构体名之间应有空格。

(2) 逻辑错误。使用 scanf 函数接收数据时，必须提供输入数据存放空间的地址，否则会引发系统错误。

2) 参考答案

(1) 第 2 句：structemployee 改成 struct employee。

(2) 第 10 句：scanf("%f",a.salary); 改成 scanf("%f",&a.salary);。

此程序验证正确，注释与运行结果如下。

```c
#include <stdio.h>
struct employee
{ char name[10];
  float salary;
};                          //声明结构体类型
int main( )
{ struct employee a;        //定义结构体变量a
  scanf("%s", a.name);      //输入a的姓名
  printf("请输入工资:");
  scanf("%f",&a.salary);    //输入a的工资
  printf("输出姓名，工资为:\n");
  printf("%s, %.2f\n",a.name,a.salary);    //输出a的姓名和工资
  return 0;
}
```

程序运行结果如图 9-4 所示。

图 9-4 程序 9.4 运行结果

【程序 9.5】程序中有 2 处错误，上机调试程序，修改有错误的语句行，并输出正确的运行结果。

1) 分析

本题属于简单结构体变量的使用问题。

(1) 语法错误。声明结构体类型时，应注意其一般形式，关键字 struct 和结构体名后面紧跟{域表}，无分号。

(2) 语法错误。性别为字符型，必须根据成员对应的数据类型完成赋值初始化。

2) 参考答案

(1) 第 3 句：struct student ; 改成 struct student。

(2) 第 7 句：}a={202002,"Zhang Shan","M"}; 改成}a={202002,"Zhang Shan",'M'};。

此程序验证正确，注释与运行结果如下。

```c
#include <stdio.h>
int main()
{ struct student                          //声明结构体类型 struct student
```

```
{ long int num;                     //以下 3 行为结构体成员
  char name[30];
  char sex;
}a={202002,"Zhang Shan",'M'};       //定义变量 a 并初始化
printf("NO.:%ld\nname:%s\nsex:%c\n",a.num, a.name,a.sex); //输出 a 的姓名和工资
return 0;
}
```

程序运行结果如图 9-5 所示。

```
NO.:202002
name:Zhang Shan
sex:M
```

图 9-5　程序 9.5 运行结果

3. 程序设计

【**程序 9.6**】编写程序，建立 3 个学生的结构记录，包括学号、姓名、成绩，然后计算其平均成绩，并输出。

1) 分析

先定义一个结构体类型，其成员项为 int num、char name[20]、int score，分别表示学号、姓名、成绩。再定义一个结构体数组，输入 3 名学生的信息，求平均成绩并输出结果。

2) 参考答案

程序代码如下。

```
#include <stdio.h>
struct student
  { int num;
    char name[20];
    int score;
  } ;
int main( )
{   int i;double sum=0;
    struct student s[3];
    printf("依次输入三个学生的信息:\n");
    for(i=0;i<3;i++)
    {    scanf("%d%s%d",&s[i].num,s[i].name,&s[i].score);
         sum+=s[i].score;
    }
    printf("平均成绩如下%f:",sum/3);
    printf("\n");
    return 0;
}
```

程序运行结果如图 9-6 所示。

```
依次输入三个学生的信息:
10 lilei 90
11 hanmei 92
12 wangtao 93
平均成绩如下91.666667:
```

图 9-6　程序 9.6 运行结果

【程序 9.7】试利用指向结构体的指针编制程序，输入 3 个学生的学号以及语文、数学、英语成绩，然后计算其平均成绩，并输出成绩表。

1) 分析

先定义一个结构体类型，其成员项为 char num[10]、name[10]，int cn、eng、math，分别表示学号、姓名、三门课程的分数。再利用指向文件指针，输入 3 名学生的信息，然后计算其平均成绩，并输出成绩表到指定文件。

2) 参考答案

程序代码如下。

```c
#include <stdio.h>
#include <stdlib.h>
struct student{ char num[10],name[10];
                int cn,eng,math;
              }; //设置一个学生信息的结构体
int main( )
{ int i,j;
  FILE *fp; //设置文件指针
  struct student stu[3],temp;
  if((fp=fopen("c:\\data.txt","w"))==NULL)
  { printf("can not open");
    exit(0);
  } //确保文件成功打开
  for(i=0;i<3;i++)
  { scanf("%s%s%d%d%d",stu[i].num,stu[i].name,
    &stu[i].math,&stu[i].eng,&stu[i].cn);
  }
  printf("姓名 英语 数学 语文 \n");
  for(i=0;i<3;i++)
  { printf("%s %d %d %d\n",stu[i].name,stu[i].eng,
    stu[i].math,stu[i].cn);
    fprintf(fp,"%s %d %d %d\n",stu[i].name,stu[i].eng,
    stu[i].math,stu[i].cn);
  }
  return 0;
}
```

程序运行结果如图 9-7 所示。

图 9-7 例题 9.7 运行结果

9.3　本章实验复习小结

1. 实验复习

在实际应用中经常会遇到许多复杂问题，只使用系统定义好的数据类型难以解决，C 语言允许用户根据自己的需求建立数据类型。本章实验主要考查学生对结构体变量、结构体数组定义及使用方法的掌握。要求学生可以正确地定义和使用结构体变量，掌握常用的 3 种定义结构体变量的方法。结构体变量在初始化和引用中尤其要注意，不能企图用结构体变量名输出所有成员的值。

通过本章的学习，要求学生能熟练地运用结构体类型进行编程。

2. 实验小结

实验完成内容记录	
实验易错点记录	
实验收获	
实验成绩	
指导老师实验评语	

第 10 章　编译预处理

本章预习知识点

1. 宏定义

在 C 语言源程序中允许用一个标识符来表示一个字符串，称为"宏"。被定义为"宏"的标识符称为"宏名"。在预处理过程中，宏调用会被展开为对应的字符串，这个过程称为"宏代换"或"宏展开"。

宏的使用有很多好处，不仅可以简化程序的书写，而且便于程序的修改和移植，使用宏名来代替一个字符串，可以减少程序中重复书写某些字符串的工作量。

根据宏定义中是否有参数，可以将宏分为不带参数的宏定义与带参数的宏定义两种。

1) 不带参数的宏定义

不带参数的宏定义又称简单宏定义，其定义的一般形式为：

```
#define  宏名  字符串
```

其中，"#"表示预处理命令。define 是关键字，表示该命令为宏定义。为了与一般的普通变量相区别，宏名一般使用大写。"字符串"一般为常量、表达式或字符串。

在进行预处理时，系统会将程序中的"宏名"用"字符串"来替换。

2) 带参数的宏定义

在 C 语言中，宏定义可以不带参数，也可以带参数。宏定义中的参数称为形式参数，宏调用中的参数称为实际参数。

带参数宏定义的一般形式为：

```
#define  宏名(形参表)  字符串
```

其中，"形参表"由一个或多个参数组成，参数不需进行类型说明，多个参数之间用逗号隔开，字符串中包含各个形参。

【融入思政元素】

"凡事预则立，不预则废"，同学们在学习过程中要学会预习。

2. 文件包含

在 C 语言中，文件包含是指一个源文件可以将另一个源文件的全部内容包含进来。编译预处理程序把#include 命令行中所指定的源文件的全部内容放到源程序的#include 命令行所在的位置。在编译时作为一个源程序编译(并不是作为两个文件连接)，得到一个目标文件。

在程序设计中，文件包含是很有用的。C 语言是一种支持模块化程序设计的语言，它允许将一个大的程序分解成多个模块，每个模块作为一个程序文件分别进行编译。有些公用的符号常量或宏定义等可以单独组成一个文件，在其他文件的开头用包含命令包含该文件即可使用。这样可以避免在每个文件的开头都去书写那些公用量，从而节省时间，并减少出错的概率。

文件包含的一般形式为：

```
#include <文件名>
```

或

```
#include"文件名"
```

【融入思政元素】

一件事情往往不是一个人能够完成的，通过分工协作、友好协商，潺潺细流可以汇成大江大海，奔向胜利的远方。

3. 条件编译

条件编译是 C 语言三种编译预处理命令之一。一般情况下，源程序中的所有行均参加编译，但有时希望部分行在满足一定条件时才进行编译，即按不同的条件编译不同的程序部分，从而产生不同的目标代码文件，这就称为"条件编译"。

条件编译是出于调试的目的或出于系统可移植性的考虑，使编译器有选择地编译源程序。

条件编译有以下几种形式。

1) #ifdef 命令

条件编译命令#ifdef 的一般形式为：

```
#ifdef  标识符
        程序代码 1
[#else
        程序代码 2 ]
  #endif
```

功能：当指定的标识符已经被#define 定义过，则编译程序代码 1，否则编译程序代码 2。#else 和程序代码 2 这两行可以缺省，根据需要决定是否使用。

2) #ifndef 命令

条件编译命令#ifndef 的一般形式为：

```
#ifndef  标识符
    程序代码 1
#else
    程序代码 2
#endif
```

功能：如果标识符未被#define 命令定义过，则对程序代码 1 进行编译，否则对程序代码 2 进行编译。该形式与 ifdef 命令形式的功能正好相反。

3) #if 命令

条件编译命令#if 的一般形式为：

```
#if  表达式
    程序代码 1
[#else
```

```
    程序代码 2]
#endif
```

功能：若表达式的值为真(非 0)，则对程序代码 1 进行编译，否则对程序代码 2 进行编译。

【融入思政元素】

"鱼和熊掌不可兼得"，树立有所得有所舍的思想，个人利益要服从团队利益，个人的舍是为了集体的多得，只有这样才能战无不胜。

10.2 实验 15：编译预处理

10.2.1 实验目的

(1) 掌握带参数的宏定义与不带参数宏定义的使用。
(2) 掌握文件包含的使用。
(3) 了解条件编译。

10.2.2 实验内容

1. 程序示例

【程序 10.1】 将宏定义应用在输出格式中，验证如下程序并记录输出结果。

```
#include <stdio.h>
#define PR printf
#define student "%d,%s,%.1f"
#define AnyKey PR("\nPress any key to quit!\n");
int main( )
{   int num=25;
    char name[]="张三";
    float score=98.0;
    PR(student,num,name,score);
    AnyKey
    return 0;
}
```

2. 程序改错

【程序 10.2】 如下程序有 1 处错误，修改程序，使输入值为 5 时，结果为 2。

第 1 句：   #define MN(x) x*x
第 2 句：   int main( )
第 3 句：   { int n,m;
第 4 句：   printf("Input a number:");
第 5 句：   scanf("%d",&n);
第 6 句：   m=72/MN(n+1);
第 7 句：   printf("m=%d\n",m);

第 8 句：　　return 0;

第 9 句：　　}

3. 程序阅读

【**程序 10.3**】在阅读并理解程序思路的基础上，说明程序功能，补充注释内容，并上机运行程序，验证运行结果与分析的结果是否相符，记录运行结果。

```c
#include <stdio.h>
#ifndef COMPUTER_A
  #define COMPUTER_A
#endif
#ifndef COMPUTER_A
    typedef unsigned int  u32;
    u32 a,b,c;
#else
    typedef unsigned short int  u16;
    u16 a,b,c;
#endif
int main( )
{    scanf("a=%d,b=%d",&a,&b);
    c=a+b;
      printf("c=%d",c);
    return 0;
}
```

【**程序 10.4**】已知头文件 exp10_3.h 在 E:\headfiler 的文件夹下，上机运行程序，验证文件包含预处理结果是否正确，并记录运行结果。

4. 程序设计

【**程序 10.5**】采用条件编译使给定的两个整数做加法或减法输出。

【**程序 10.6**】已知程序包含一个判断是否构成三角形的文件 exp10_61.c，如果构成则求出三角形的面积，否则输出"不构成三角形"。

10.2.3　实验指导

1. 程序示例

【**程序 10.1**】将宏定义应用在输出格式中，验证如下程序并记录输出结果。

1) 分析

(1) 用#define 定义无参数的宏定义。

(2) 用宏定义代替对应的字符。

2) 参考答案

程序运行结果如图 10-1 所示。

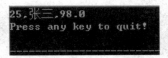

图 10-1　程序 10.1 运行结果

2. 程序改错

【程序 10.2】如下程序有 1 处错误，修改程序，使输入值为 5 时，结果为 2。

1) 分析

(1) 有参数的宏定义是将参数原封不动地代入。

(2) 原语句#define MN(x) x*x，MN(n+1)相当于 n+1*n+1。假设 n=5，则 m=72/MN(n+1) 相当于 m=72/n+1*n+1=14+5+1=20，与题目要求结果为 2 不符，此句错。

(3) 应将宏定义改为#define MN(x) ((x)*(x))，则相对应的表达式为 m=72/((n+1)*(n+1))= 72/((5+1)*(5+1))=2。

2) 参考答案

第 1 句 #define MN(x) x*x 改成#define MN(x) ((x)*(x))。

验证正确的程序为：

```c
#define MN(x) ((x)*(x))
int main( )
{   int n,m;
    printf("Input a number:");
    scanf("%d",&n);
    m=72/MN(n+1);
    printf("m=%d\n",m);
    return 0;
}
```

程序运行结果如图 10-2 所示。

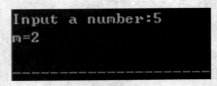

```
Input a number:5
m=2
```

图 10-2　程序 10.2 运行结果

3. 程序阅读

【程序 10.3】在阅读并理解程序思路的基础上，说明程序功能，补充注释内容，并上机运行程序，验证运行结果与分析的结果是否相符，记录运行结果。

1) 分析

(1) 程序功能。标准定义整数是 16 位，但计算机默认是 32 位，定义一个 COMPUTER_A 标识以区分 16 位和 32 位的无符号整数。

(2) 用 typedef 定义一个 16 位的无符号短整数的数据类型。

(3) 用新的数据类型 u16 定义变量 a、b、c。

(4) 程序注释如下。

```c
#include <stdio.h>
#ifndef COMPUTER_A
#define COMPUTER_A
#endif
#ifndef COMPUTER_A
```

```
    typedef unsigned int  u32;   //类型定义 32 位的无符号整数
    u32 a,b,c;
#else
    typedef unsigned short int  u16;//类型定义 16 位的无符号整数
    u16 a,b,c;
#endif
int main( )
{     scanf("a=%d,b=%d",&a,&b);
    c=a+b;
    printf("c=%d",c);         //c 结果为 16 位的无符号整数
    return 0;
}
```

2) 参考答案

程序运行结果如图 10-3 所示。

图 10-3　程序 10.3 运行结果

【程序 10.4】已知头文件 exp10_3.h 在 E:\headfiler 的文件夹下，上机运行程序，验证文件包含预处理结果是否正确，并记录运行结果。

1) 分析

(1) #include"E:\headfile\exp10_3.h" 语句相当于将 exp10_3.h 中的所有语句插入主程序 #include"E:\headfile\exp10_3.h"出现的位置。

(2) c=fmax(a,b)调用函数 int fmax(int a,int b)时，等同于正常的函数应用。

2) 参考答案

```
#include <stdio.h>
#include"E:\headfile\exp10_3.h"   //包含头文件
int main( )
{ int a,b,c;
     printf("请输入两个数：");
     scanf("%d,%d",&a,&b);
     c=fmax(a,b);                //调用头文件中的函数
     printf("max= %d\n",c);
return 0;
}
```

头文件 exp10_3.h 的内容如下：

```
int fmax(int a,int b);
int fmax(int a,int b)
{   int max;
   if(a>b) max=a;
   else max=b;
      return max;
}
```

程序运行结果如图 10-4 所示。

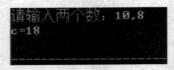

图 10-4　程序 10.4 运行结果

4. 程序设计

【程序 10.5】采用条件编译，使给定的两个整数做加法或减法输出。

1) 分析

(1) ADD 已经被定义，所以编译 c=a+b;printf("c= %d\n",c);这两条语句 a,b 做加法。

(2) 如果 ADD 没有定义，则编译 c=a-b;printf("c= %d\n",c);这两条语句 a,b 做减法。

(3) 没有被编译的部分是不会产生执行代码的。

(4) 如果想做减法只要去除#define ADD 语句就可以了。

2) 参考答案

```c
#include <stdio.h>
#define ADD
int main( )
{ int a,b,c;
    printf("请输入两个数：");
    scanf("%d,%d",&a,&b);
    #ifdef ADD
      c=a+b;
      printf("c= %d\n",c);
    #else
      c=a-b;                //未被编译
      printf("c=%d\n",c);   //未被编译
    #endif
    return 0;
}
```

程序运行结果如图 10-5 所示。

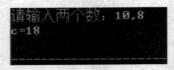

图 10-5　程序 10.5 运行结果

【程序 10.6】已知程序包含一个判断是否构成三角形的文件 exp10_61.cpp，如果构成则求出三角形的面积，否则输出"不构成三角形"。

1) 分析

(1) #include"E:\headfile\ex2\exp10_61.cpp"将 exp10_61.cpp 程序包含进来。

(2) 变量 area 和 flag 是共用变量，所以 exp10_61.cpp 程序中要用外部变量声明。

(3) 注意，外部变量声明会改变全局变量的值，从而影响另外一个文件中的函数执行结果。

(4) 不要同时打开主函数和被包含的文件进行编译和连接，否则会报错。

2) 参考答案

```
#include <stdio.h>
#include <math.h>
#include"E:\headfile\ex2\exp10_61.cpp"        //包含其他文件
float area;                                    //全局变量声明
int   flag;                                    //全局变量声明
void triangle();
int main( )
{    triangle();
     if(flag==0)
        printf("不构成三角形\n");
     else
        printf("三角形的面积是：%f\n",area);
    return 0;
}
```

被包含程序 exp10_61.cpp 的内容如下：

```
extern  int flag;            //外部变量声明
extern  float area;          //外部变量声明
void  triangle()
{    int a,b,c;
     double s;
     printf("请输入三角形的三条边长：");
     scanf("%d,%d,%d",&a,&b,&c);
     s=(a+b+c)/2.0;
     if(a+b<=c||b+c<=a||a+c<=b)
          flag=0;
     else
        { flag=1;
          area=sqrt(s*(s-a)*(s-b)*(s-c));
          }
}
```

程序运行结果如图 10-6 和图 10-7 所示。

图 10-6　程序 10.6 运行结果(1)

图 10-7　程序 10.6 运行结果(2)

10.3　本章实验复习小结

1. 实验复习

宏定义是用一个标识符来表示一个字符串，这个字符串可以是常量、变量或表达式。在宏替换时，用该字符串替换宏名。根据宏定义中是否有参数，可以将宏分为不带参数的宏定义与带参数的宏定义两种。在写带有参数的宏定义时，宏名与带括号参数间不能有空格，否则空格以后的字符都将作为替换字符串的一部分，这样就变成不带参数的宏定义了。

不要把带参数的宏定义与带参数的函数混淆，带参数的宏定义在预处理时只是字符串的替换，而带参数的函数却是将实参的值——对应地传递给形参。

文件包含是指一个源文件可以将另一个源文件的全部内容包含进来。编译预处理程序把#include 命令行中所指定的源文件的全部内容放到源程序的#include 命令行所在的位置，在编译时作为一个源程序编译(并不是作为两个文件连接)，得到一个目标文件。

条件编译命令的功能是：当指定的标识符已被#define 定义过，则在程序编译阶段编译程序段 1，否则编译程序段 2，其中 else 是可选项。

```
#ifdef 标识符
    程序段 1
#else
    程序段 2
#endif
```

2. 实验小结

实验完成 内容记录	
实验易错点 记录	
实验收获	
实验成绩	
指导老师实验 评语	

第 11 章　文　　件

本章预习知识点

1. 文件的概念

文件是数据存储形式，日常工作中，如编写一个文档、编写一个程序，都是以文件的形式保存到磁盘上，需要时从文件读取信息。"文件"一般指存储在外部介质上的数据集合。

文件的一般结构：主文件[.扩展名]。如 ac.txt 表示文件名为 ac，文件扩展名为 txt。

在 C 语言系统中，文件是被当作一个"流"，按字节进行处理的。

2. 文件的分类

(1) 从用户的角度看，可分为普通文件和设备文件。

(2) 根据文件的内容，可分为程序文件和数据文件。

(3) 根据文件的组织形式，可分为顺序存取文件和随机存取文件。

(4) 根据文件的存储形式，可分为 ASCII 码文件和二进制文件。

3. 对文件的操作

(1) 文件指针。在 C 语言中用一个指针变量指向一个文件，这个指针称为文件指针。通过文件指针就可对它所指的文件进行各种操作。

(2) 对文件的操作流程。在 C 语言中，对文件的操作遵从"打开→读写→关闭"的顺序。

4. 文件的打开

对文件有只读、只写、读写、追加等 4 种打开方式，同时，还需要指明文件的类型是二进制文件或文本文件。

文件打开函数 fopen 的格式：FILE * fopen(char * filename, char * mode);。

打开函数的功能：字符串 filename 代表需要被打开文件的名称；字符串 mode 则用来指定文件类型和操作要求。文件顺利打开后，返回指向该文件流的文件指针，打开失败则返回 NULL。其中，文件类型表示打开的文件是文本文件还是二进制文件。操作要求表示文件是以只读方式打开、读写方式打开还是追加方式打开等。

5. 文件的关闭

在使用完一个文件之后，需要关闭该文件，以防它再被误用。"关闭"就是撤销文件缓冲区，使文件指针变量不再指向该文件，也就是文件指针变量与文件"脱钩"。

文件关闭函数 fclose 的格式：int fclose(FILE *fp);。

关闭函数的功能：关闭 fp 所指向的文件流。如果文件流成功关闭，返回 0，否则返回 EOF(符号常量，其值为-1)。

说明：使用 fclose()函数可以把缓冲区内最后剩余的数据输出到磁盘文件中，并释放文件指针和有关的缓冲区。

【融入思政元素】

通过文件管理的学习，要求学生学会保存资料、资源共享，学会温故知新，培养学生资源共享、团队合作的意识。知识就是力量，告诉学生这种力量需要保存、分享、创新。信息分享得越广泛，其价值就越高，其所能激发出的力量也就越强大。

6. 文件的读写

当文件被打开之后，最常见的操作就是读取和写入。对文件可按字节、字符串和数据块为单位读写，也可以按指定的文件格式进行读写。

在程序中，当调用输入函数从外部文件中输入数据赋给程序中的变量时，就称为读操作。当调用输出函数把程序中变量的值或程序运行结果输出到外部文件中，就称为写操作。

C 语言提供了 4 种常用的文件读写函数：字符读写函数 fgetc 和 fputc；字符串读写函数 fgets 和 fputs；数据块读写函数 fread 和 fwrite；格式化读写函数 fscanf 和 fprintf。

7. 字符读写函数

1) 字符写函数：fputc

(1) 函数格式：int fputc (int n, File *fp);。

(2) 函数功能： 将字符 ch(ASCII 码 n)写到文件指针 fp 所指向文件的当前位置指针处，若成功则返回所写字符，出错则返回 EOF。

2) 字符读函数：fgetc

(1) 函数格式：int fgetc(FILE *fp);。

(2) 函数功能：从文件指针 fp 所指向文件的当前位置指针处读取一个字符，若成功则返回所读字符，如果读到文件末尾或者读取出错则返回 EOF。

fputc 函数可以实现 putchar 函数的功能，fgetc 函数可以实现 getchar 函数的功能。

8. 字符串读写函数

1) 字符串写函数：fputs

(1) 函数格式：int fputs(const char *str, FILE *fp);。

(2) 函数功能：向文件指针 fp 所指向文件的当前位置指针处写入起始地址为 str 的字符串(不自动写入字符串结束标记符'\0')。成功写入一个字符串后，文件的位置指针会自动后移，函数返回为一个非负整数，否则返回 EOF。

2) 字符串读函数：fgets

(1) 函数格式：char *fgets(char *str, int n, FILE *fp);。

(2) 函数功能：从文件指针 fp 所指向文件的当前位置指针处读取 n-1 个字符，并且在最后加上字符'\0'，一共是 n 个字符，存入起始地址为 str 的内存空间中。如果文件中的该行不足 n-1 个字符，则读完该行就结束。如果在读出 n-1 个字符之前，就遇到了换行符，则该行读取结束。fgets 函数有返回值，函数读取成功其返回值是字符数组的首地址，函数读取失败或读到文件结尾返回 NULL。

fputs 函数可以实现 puts 函数的功能，fgets 函数可以实现 gets 函数的功能。

9. 数据块读写函数：fread 和 fwrite

1) 数据块写函数：fwrite

(1) 函数格式：int fwrite(void* buf, int size, int count, FILE* fp);。

(2) 函数功能：将 buf 指向的内存区中长度为 size 的 count 个数据写入 fp 文件中，返回写到 fp 文件中数据块的数目。

2) 数据块读函数：fread

(1) 函数格式：int fread(void *buf, int size, int count, FILE *fp);。

(2) 函数功能：从文件指针 fp 所指向文件的当前位置指针处读取长度为 size 的 count 个数据块，放到 buf 所指向的内存区域。成功时返回所读的数据块的个数，遇到文件结束或出错时返回 EOF。

10. 格式化读写函数：fscanf 和 fprintf

1) 格式化写函数：fprintf

(1) 函数格式：int fprintf(FILE *fp, char *format, argument, ...);。

(2) 函数功能：将格式串 format 中的内容原样输出到指定的文件中，每遇到一个%，就按照规定的格式依次输出一个表达式 argument 的值到 fp 所指定的文件中。如果成功，返回输出的项数，如果出错，则返回 EOF(-1)。

2) 格式化读函数：fscanf

(1) 函数格式：int fscanf(FILE *fp, char *format,address,...);。

(2) 函数功能：从 fp 所指的文件中按 format 规定的格式提取数据，并把输入的数据依次存入对应的地址 address 中，成功时返回提取数据项数，否则返回 EOF。

fscanf 函数和 fprintf 函数与格式化输入输出函数 scanf 和 printf 的功能相似，都是格式化读写函数。两者的区别在于 fscanf 函数和 fprintf 函数的读写对象不是键盘和显示器，而是磁盘文件。

11. 文件的定位

文件内部的位置指针可以表示当前的读写位置，通过移动该指针就可以实现对文件中数据的随机读写。

将文件的位置指针移动到指定位置，称为文件的定位，可以通过位置指针函数，实现文件的定位读写。文件的位置指针函数主要有三种：文件头重返函数 rewind、位置指针移动函数 fseek、获取当前位置指针函数 ftell。

12. 文件的定位函数

1) 文件头重返函数：rewind

(1) 函数格式：void rewind(FILE *fp);。

(2) 函数功能：将文件内部的位置指针重新指向 fp 所指文件的开头。

2) 位置指针移动函数：fseek

(1) 函数格式：int fseek(FILE *fp, long offset, int fromwhere);。

(2) 函数功能：设置文件指针 fp 的位置。如果执行成功，fp 将指向以 fromwhere(偏移起始位置：文件头 0，当前位置 1，文件尾 2)为基准，偏移 offset(指针偏移量)字节的位置。

成功，返回 0，失败返回-1。

3) 获取当前位置指针函数：ftell

(1) 函数格式：long ftell(FILE *fp);。

(2) 函数功能：得到当前位置指针相对于文件头偏移的字节数，出错时返回-1L。

13. 文件的其他操作

1) 测试文件结束函数：feof

(1) 函数格式：int feof(FILE *stream);。

(2) 函数功能：判断被读文件是否已经读完。feof 函数既适用于文本文件，也适用于二进制文件。feof 函数根据最后一次"读操作的内容"来确定文件是否结束。如果最后一次文件读取失败或读取到文件结束符则返回非 0，否则返回 0。

2) 重定向文件流函数：freopen

(1) 函数格式：FILE *freopen(char *filename,char * mode, FILE *fp);。

(2) 函数功能：重定向文件指针。先关闭 fp 指针所指向的文件，并清除文件指针 fp 与该文件之间的关联，然后建立文件指针 fp 与文件 filename 之间的关联。此函数一般用于将一个预定义的指针变量 stdin、stdout 或 stderr 与指定的文件关联，如果成功则返回 fp，否则返回 NULL。

【融入思政元素】

通过文件的读写学习，培养学生遵守规则以及社会的公德。

11.2 实验 16：文件

11.2.1 实验目的

(1) 掌握文件以及缓冲文件系统、文件指针的概念。

(2) 学会使用打开、关闭、读、写等文件操作函数。

(3) 学会用缓冲文件系统对文件进行简单的操作。

11.2.2 实验内容

1. 程序阅读

【程序 11.1】上机运行程序，验证运行结果与预习结果是否相符，分析、注释以下程序，并记录运行结果。

```
#include <stdio.h>
#include <stdlib.h>
int main( )
{   char ch;
    FILE *fp;
    if((fp=fopen("11-1.txt","a+"))==NULL)
        {   printf("Cannot open the file! ");
            exit(0);
```

```
      }
   do
   {     ch=getchar();
    fputc(ch,fp);
    }while(ch!='\n');
   fclose(fp);
   return 0;
}
```

【程序 11.2】 上机运行程序，验证运行结果与预习结果是否相符，分析、注释以下程序，并记录运行结果。

```
#include <stdio.h>
int main( )
{ FILE *fp1,*fp2;
    char str[100];
    fp1=fopen("f1.txt","r");
    fp2=fopen("f2.txt","w");
    while(!feof(fp1))
    { if(fgets(str,100,fp1))
     fputs(str,fp2);
    }
    fclose(fp1);
    fclose(fp2);
    return 0;
}
```

2. 程序完善

【程序 11.3】 编写一个程序，实现将文件中的数据求和并写入文本文件末尾。

```
#include <stdio.h>
#include <stdlib.h>
int main()
{ _____①_____ //定义文件指针 fp
  int n,sum;
  if((fp=fopen("f3.txt","r+"))==NULL)   //判断是否能打开 f3.txt 文件
  { printf("can not open file.\n");
    exit(0);
  }
  sum=0;
  while(_____②_____ )   sum=sum+n;
  //用循环结构通过 fscanf 函数来遍历文件中的数据,每读一个数据就计算一次累加和_____③_____;
  //将各数据的和 sum 写入 f1.txt 文件
  fclose(fp);
  return 0;
}
```

3. 程序设计

【程序 11.4】 编写一个程序，实现从键盘输入一行字符串，将其中的小写字母全部转换成大写字母，然后输出到一个记事本文件 **f4.txt** 中保存，并检验文件中的内容。

【程序 11.5】编写一个程序，实现统计文本文件中各类字符的个数。

11.2.3　实验指导

1. 程序阅读

【程序 11.1】上机运行程序，验证运行结果与预习结果是否相符，分析、注释以下程序，并记录运行结果。

1) 分析

(1) 此程序实现从键盘上输入一行字符，写入文件 c:\student.txt。

(2) 文件的基本操作都是由标准输入输出库函数来完成的，都包含在头文件 stdio.h 中。

(3) 函数 fopen("11-1.txt","a+")，以"a+"追加方式读写打开文本文件 11-1.txt。"11-1.txt"没有文件路径，则与 C 源文件在同一目录下。若文件不在默认目录下，则需要在文件名中指定文件路径。fopen 函数返回指向 11-1.txt 文件的指针并赋值给 fp，这样 fp 就和文件 11-1.txt 相关联了，通常也称 fp 指向了文件 11-1.txt。

(4) 函数 fputc(ch,fp)将字符 ch(ASCII 码 n)写到文件指针 fp 所指向文件的当前位置指针处。若成功则返回所写字符，出错时返回 EOF。该题通过循环语句将 ch=getchar()函数获取的字符 ch 全部追加写到文件 11-1.txt 中。

(5) 退出函数 exit()包含在 stdlib.h 头文件中，该函数原型为 void exit(int status) ;。

2) 参考答案

此程序验证正确，注释与运行结果如下。

```
#include <stdio.h>
#include <stdlib.h>
int main( )
{   char ch;
    FILE *fp;  //定义文件指针
    if((fp=fopen("11-1.txt","a+"))==NULL)  //文件打开不成功，结束程序
       {   printf("Cannot open the file! ");
           exit(0);  //关闭所有文件，终止正在执行的程序，表示正常退出
       }
    do
    {    ch=getchar();
       fputc(ch,fp);
       }while(ch!='\n');  //从键盘上输入一行字符，并通过 fputc 函数成功写入
    fclose(fp);  //关闭 fp 所指向的文件
    return 0;
}
```

程序运行结果如图 11-1 所示。

(a) 从键盘上输入前文件　(b) 从键盘上输入一行字符　(c) 从键盘上输入后文件

图 11-1　程序 11.1 运行结果

【**程序 11.2**】上机运行程序，验证运行结果与预习结果是否相符，分析、注释以下程序，并记录运行结果。

1) 分析

(1) 此程序实现将文件 f1.txt 中的内容复制到文件 f2.txt 中。

(2) 此程序省略了文件打开不成功的检查部分。

(3) 函数 feof(fp) 用于检测文件流上的结束符，有两个返回值，如果遇到文件结束符，为非 0 值，否则为 0。

(4) 语句 fgets(str,100,fp1) 表示从文件指针 fp1 所指向文件的当前位置处读取 99 个字符，并且在最后加上字符'\0'，一共是 100 个字符，存入起始地址为 str 的内存空间中。语句 fputs(str,fp2) 表示向文件指针 fp2 所指向文件的当前位置指针处写入起始地址为 str 的字符串。

2) 参考答案

此程序验证正确，注释与运行结果如下。

```c
#include <stdio.h>
int main( )
{ FILE *fp1,*fp2;                    //分别指向两个文件的指针 fp1 和 fp2
    char str[100];                   //数组大小的设定与文件长度相关
    fp1=fopen("f1.txt","r");         //为输入打开文本文件 f1.txt
    fp2=fopen("f2.txt","w");         //为输出打开文本文件 f2.txt
    while(!feof(fp1))                //判断 fp1 指向的 f1.txt 文件是否结束
    { if(fgets(str,100,fp1)) fputs(str,fp2);
      //从 fp1 所指向的文件读取字符串到 fp2 所指向的文件
    }
    fclose(fp1);                     //关闭 fp1 所指向的文件
    fclose(fp2);                     //关闭 fp2 所指向的文件
    return 0;
}
```

程序运行结果如图 11-2 所示。

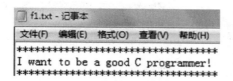

(a) 复制前 f1.txt 文件

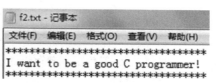

(b) 复制后 f2.txt 文件

图 11-2　程序 11.2 运行结果

2. 程序完善

【**程序 11.3**】编写一个程序，实现将文件中的数据求和并写入文本文件末尾。

1) 分析

(1) 此程序参照程序 11.2 完成,在程序运行前,先建立文本文件 f3.txt,并写入图 11-3(a) 中需要求和的数据。

(2) 程序中先用语句 FILE *fp;定义文件指针 fp, 再用函数 fopen("f3.txt","r+")以只读方式打开 f3.txt 文件,用循环结构 while(fscanf(fp,"%d",&n)!=EOF) sum=sum+n;来遍历文件中

的每个数据，每读一个数据就计算一次累加和，最后用函数 fprintf(fp,"\nsum=%d",sum);将各数据的和 sum 写入 f3.txt 文件中。

(3) 语句 fscanf(fp,"%d",&n) 表示从 fp 所指向的文件中提取%d 的整型数据，并赋给变量 n；成功时返回提取数据项数，否则返回 EOF。

(4) EOF(end of file)表示文字流(stream)的结尾。这里的文字流可以是文件(file)，也可以是标准输入(stdin)。

2) 参考答案

①　 FILE *fp;　　　　　　　　　　

②　 fscanf(fp,"%d",&n)!=EOF　　　

③　 fprintf(fp,"\nsum=%d",sum)　　

此程序验证正确，注释与运行结果如下。

```c
#include <stdio.h>
#include <stdlib.h>
int main()
{ FILE *fp;   //定义文件指针 fp
int n,sum;
if((fp=fopen("f3.txt","r+"))==NULL)   //判断是否能打开 f3.txt 文件
{ printf("can not open file.\n");
    exit(0);
  }
sum=0;
while(fscanf(fp,"%d",&n)!=EOF)   sum=sum+n;
//用循环结构通过 fscanf 函数来遍历文件中的数据，每读一个数据就计算一次累加和
 fprintf(fp,"\nsum=%d",sum);   //将各数据的和 sum 写入 f1.txt 文件
 fclose(fp);
 return 0;
}
```

程序运行结果如图 11.3 所示。

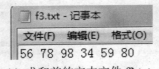

(a) 求和前的文本文件 f3.txt

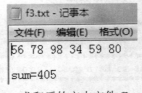

(b) 求和后的文本文件 f3.txt

图 11-3　程序 11.3 运行结果

3. 程序设计

【程序 11.4】编写一个程序，实现从键盘输入一行字符串，将其中的小写字母全部转换成大写字母，然后输出到一个文本文件 f4.txt 中保存，并检验文件中的内容。

1) 分析

(1) 此程序参照程序 11.1 完成，用到了字符写函数 fputc(str[i],fp)和字符串读函数 fgets(str,100,fp);两个不同的文件读写函数。

(2) 程序中先定义文件指针 fp，再用函数 fopen("f4.txt","w")以写方式打开 f4.txt 文件，

用语句 gets(str); 从键盘输入一行字符串 str，再用循环结构 for (i=0;str[i];i++)来处理该字符串中的每一个字符，将其中的小写字母全部转换成大写字母，然后用函数 fputc(str[i],fp);将转换后的字符写入文件，最后用函数 fopen("f4.txt","r");以读方式打开文件，用 fgets(str,100,fp);从文件中读入一行字符串后通过屏幕输出。

2) 参考答案

程序代码如下：

```c
#include <stdio.h>
#include <stdlib.h>
int main()
{ FILE *fp;
  char str[100],filename[10];
  int i;
  if((fp=fopen("f4.txt","w"))==NULL) //以写方式打开文本文件
  { printf("can not open file.\n");
    exit(0);
  }
  printf("Input a atring: ");
  gets(str);                    //读入一行字符串
  for (i=0;str[i];i++)          //处理该行中的每一个字符
  { if(str[i]>='a'&&str[i]<='z') //若是小写字母
    str[i]=str[i]-32;           //将小写字母转换为大写字母
  fputc(str[i],fp);            //将转换后的字符写入文件
  }
  fclose(fp);                   //关闭文件
  fp=fopen("f4.txt","r");      //以读方式打开文本文件
  fgets(str,100,fp);          //从文件中读入一行字符串
  printf("%s\n",str);
  fclose(fp);                   //关闭文件
  return 0;
}
```

程序运行结果如图 11.4 所示。

(a) 从键盘上输入一行字符并输出

(b) 写入文本文件

图 11-4 程序 11.4 运行结果

【程序 11.5】编写一个程序，实现统计文本文件中各类字符的个数。

1) 分析

(1) 此程序参照程序 11.1 完成，除了运用字符读函数 fgetc(fp)，还运用了#include <ctype.h>中的函数 isalpha(c) 判断字符 c 是否为英文字母并统计，函数 isdigit(c)判断字符 c 是否为数字并统计。

(2) 程序中先定义文件指针 fp，再用函数 fopen("f5.txt","r")以读方式打开 f5.txt 文件，然后用循环结构 while((c=fgetc(fp))!=EOF)来处理该文本文件中的每一个字符，判断并统计，

最后用输出函数 printf()从屏幕输出统计的字符个数 a，数字个数 d，空格、跳格和回车个数 b，其他字符个数 o。

2) 参考答案

程序代码如下。

```c
#include <stdio.h>
#include <stdlib.h>
#include <ctype.h>
int main( )
{    FILE *fp;        //定义文件指针 fp
    int a=0,d=0,b=0,o=0;
    //定义字符个数 a，数字个数 d，空格、跳格和回车个数 b，其他字符个数 o
    char c;
    if((fp=fopen("f5.txt","r"))==NULL)
    //判断以读方式打开 f5.txt 文件是否成功
    {  printf("can not open file.\n");
        exit(0);
    }
    while((c=fgetc(fp))!=EOF)
    //用循环结构来处理该文本文件中的每一个字符，判断并统计
    {  if(isalpha(c))  a++;           //判断并统计字符个数 a
        else if(isdigit(c))  d++;       //判断并统计数字个数 d
            else if(c==' '||c=='\t'||c=='\n')  b++;
            //判断并统计空格、跳格和回车个数 b
                else o++;           //判断并统计其他字符个数 o
    }
    printf("字符 a=%d 数字 d=%d\n 空格、跳格、回车 b=%d 其他 o=%d\n",a,d,b,o);
    fclose(fp);
    return 0;
}
```

程序运行结果如图 11-5 所示。

(a) 文本文件 f5.txt   (b) 统计文本文件中各类字符个数

图 11-5   程序 11.5 运行结果

11.3   本章实验复习小结

1. 实验复习

C 编译系统把文件当作一个"流"，按字节进行处理。文件的分类方式很多，按数据的存储方式一般把文件分为两类：文本文件和二进制文件。

在 C 语言中，用文件指针标识文件，当一个文件被打开时，可取得该文件指针，任何文件被打开时都要指明其读写方式。文件打开后可以使用相关读写函数和定位函数来完成

文件的读写操作，文件可以以字节、字符串、数据块和指定的格式进行读写，也可使用定位函数来实现随机读写。文件读写操作完成后，必须关闭文件，撤销文件指针与文件的关联。

文件操作都是通过库函数来实现的，要熟练掌握文件打开、读写、定位、关闭等相关函数的用法。

2. 实验小结

实验完成 内容记录	
实验易错点 记录	
实验收获	
实验成绩	
指导老师实验 评语	

第 12 章　位　运　算

12.1　本章预习知识点

1. 位运算概述

程序中的所有数在计算机内存中都是以二进制的形式存储的，位运算就是直接对整数在内存中的二进制位进行操作。C 语言提供了按位与、或、异或、取反、左移、右移等 6 种常见的位运算符，见表 12-1。

表 12-1　C 语言提供的位运算

符　号	描　述	运算规则
&	按位与	两个位都为 1 时，结果才为 1
|	按位或	两个位都为 0 时，结果才为 0
^	按位异或	两个位相同为 0，相异为 1
~	按位取反	各二进位 0 变 1，1 变 0
<<	左移	各二进位全部左移若干位，高位丢弃，低位补 0
>>	右移	各二进位全部右移若干位，对于无符号数，高位补 0，有符号数，各编译器处理方法不一样，有的补符号位(算术右移)，有的补 0(逻辑右移)

2. 按位取反运算符

按位取反运算符(~)是 6 个位运算符中唯一的单目运算符，具有右结合性，其功能是将参与运算的操作数各对应二进位按位求"反"。按位取反运算的主要用途是间接地构造一个数，以增强程序的可移植性。

按位取反运算格式：~操作数 a。

按位取反运算规则：对一个二进制数按位取反，即将 0 变为 1，1 变为 0。

3. 按位与运算符

按位与运算符(&)是双目运算符，其功能是将参与运算的两个操作数的各对应二进位按位相"与"。按位与运算的主要用途是将一个数中的某些指定位清零、取一个数中某些指定位、保留指定位等。

按位与运算格式：操作数 a & 操作数 b。

按位与运算规则：参加运算的两个操作数只要有一个为 0，则该位的结果为 0。

4. 按位或运算符

按位或运算符(|)是双目运算符，其功能是将参与运算的两个操作数的各对应的二进位按位相"或"。

按位或运算格式：操作数 a | 操作数 b。

按位或运算规则：参加运算的两个操作数只要有一个为 1，则该位的结果为 1。

5. 按位异或运算符

按位异或运算符(∧)是双目运算符，其功能是将参与运算的两个操作数的各对应二进位按位相"异或"。按位异或运算的主要用途是使指定的位翻转，与 0 相"异或"保留原值。

按位异或运算格式：操作数 a ∧ 操作数 b。

按位异或运算规则：参加运算的两个操作数的对应位相同，则该位的结果为 0，否则为 1。

6. 按位左移运算符

按位左移运算符(<<)是将操作对象向左移动指定位数，其主要用途是对操作数作乘法运算，即将一个操作数乘以 2n 的运算处理为左移 n 位的按位左移运算。

按位左移运算格式：操作数 a << 移位数 b。

按位左移运算规则：将一个操作数先转换成二进制数，然后将二进制数各位左移若干位，并在低位补若干个 0，高位左移后溢出，舍弃不起作用。

7. 按位右移运算符

按位右移运算符(>>)是将操作对象向右移动指定位数，其主要用途是对操作数作除法运算，即将一个操作数除以 2n 的运算处理为右移 n 位的按位右移运算。

按位右移运算格式：操作数 a >> 移位数值 b。

按位右移运算规则：将一个操作数先转换成二进制数，然后将二进制数各位右移若干位，移出的低位舍弃；并在高位补位，补位分两种情况：

(1) 若为无符号数，右移时左边高位补 0。

(2) 若为有符号数，如果原来符号位为 0(正数)，则左边补若干 0；如果原来符号位为 1(负数)，左边补若干 0 的称为"逻辑右移"，左边补若干 1 的称为"算术右移"。

8. 位运算的混合运算

C 语言表达式中若含位运算符，则参照表 12-2 所示的位运算符的优先级与结合性处理。

表 12-2　位运算符的优先级和结合性

优先级	位运算符	类　　型		结合顺序
2	~	按位取反	单目运算符	自右向左
5	<<、>>	按位左移/右移	双目运算符	自左向右
8	&	按位与		
9	^	按位异或		
10			按位或		

【融入思政元素】

通过位运算的基本语法学习，引导学生做人做事需要遵守规则，教育学生遵守学校各项规章制度，遵守国家法律法规，做一个守法的好公民。

12.2 实验 17：位运算

12.2.1 实验目的

(1) 掌握位运算的概念。
(2) 掌握 6 种位运算符的使用方法。

12.2.2 实验内容

1. 程序示例

【程序 12.1】 上机运行程序，练习按位与(&)、按位或(|)、按位异或(^)的使用方法，验证运行结果与分析的结果是否相符，并记录运行结果。

```c
#include <stdio.h>
int main( )
{   int x,y;
    x=3;  y=5;
    printf("x&y:%d\n", x&y);
    printf("3&5=%d,3&4=%d\n",  3&5,3&4);
    printf("3|5=%d,3|4=%d\n",  3|5,3|4);
    printf("3^5=%d,3^4=%d\n",  3^5,3^4);
    return 0;
}
```

【程序 12.2】 上机运行程序，练习位运算符混合使用的方法，验证运行结果与分析的结果是否相符，并记录运行结果。

```c
#include <stdio.h>
int main( )
{   int a=4,b=2,c=2;
    printf("4/2&2 =%d\n",a/b&c);
    printf("(4>>1)/(4>>2)=%d\n", (a>>1)/(a>>2));
    return 0;
}
```

【程序 12.3】 上机运行程序，练习位运算符混合使用的方法，验证运行结果与分析的结果是否相符，并记录运行结果。

```c
#include <stdio.h>
int main( )
{   unsigned a,b,d;
    scanf("%o",&a);
    b=a<<1;
    d=b&a;
    printf("a:%o,%d\n",a,a);
    printf("b:%o,%d\n",b,b);
    printf("d:%o,%d\n",d,d);
    return 0;
}
```

2. 程序完善

【**程序 12.4**】阅读程序，若要使程序的运行结果为 248，应在下画线处填入什么？验证运行结果与分析结果是否相符，并记录运行结果。

```c
#include <stdio.h>
int main( )
{  short c=124;
   c=  ①  ;
   printf("%d\n",c);
   return 0;
}
```

3. 程序设计

【**程序 12.5**】编写一个程序，实现将一个整数的低 4 位翻转。要求用八进制数输入和输出。

12.2.3　实验指导

1. 程序示例

【**程序 12.1**】上机运行程序，练习按位与(&)、按位或(|)、按位异或(^)的使用方法，验证运行结果与分析的结果是否相符，并记录运行结果。

1) 分析

(1) 按位与运算规则。参加运算的两个操作数只要有一个为 0，则该位的结果为 0，否则为 1。因此，3&5=1，3&4=0。

(2) 按位或运算规则。参加运算的两个操作数只要有一个为 1，则该位的结果为 1。因此，3|5=7，3|4=7。

(3) 按位异或运算规则。参加运算的两个操作数的对应位相同，则该位的结果为 0，否则为 1。因此，3^5=6，3^4=7。

2) 参考答案

此程序验证正确，程序运行结果如图 12-1 所示。

图 12-1　程序 12.1 运行结果

【**程序 12.2**】上机运行程序，练习位运算符混合使用的方法，验证运行结果与分析的结果是否相符，并记录运行结果。

1) 分析

(1) 算术运算符"/"优先于位运算符"&"，表达式 4/2=2，2&2=2，故 4/2&2=2。

(2) 右移 1 位相当于该数除以 2^1，4>>1 相当于 4 除以 2 等于 2；右移 2 位相当于该数除

以 2^2，4>>2 相当于 4 除以 4 等于 1；故(4>>1)/(4>>2)=2/1=2。

2) 参考答案

此程序验证正确，程序运行结果如图 12-2 所示。

图 12-2　程序 12.2 运行结果

【程序 12.3】上机运行程序，练习位运算符混合使用的方法，验证运行结果与分析的结果是否相符，并记录运行结果。

1) 分析

(1) 输入 a 变量的值为八进制数 4，其二进制形式为 00000100(一个字节 8 位)，因此 a 变量%o 输出 4，%d 输出 4。

(2) a 左移 1 位相当于该数乘以 2^1，经过 b=a<<1 运算得到的 b 为 00001000，因此 b 变量%o 输出 10，%d 输出 8。

(3) 由于 a=00000100，b=00001000，经过 d=b&a 运算得到的 d 为 00000000，因此 d 变量%o 输出 0，%d 输出 0。

2) 参考答案

此程序验证正确，程序运行结果如图 12-3 所示。

图 12-3　程序 12.3 运行结果

2. 程序完善

【程序 12.4】阅读程序，若要使程序的运行结果为 248，应在下画线处填入什么？验证运行结果与分析结果是否相符，并记录运行结果。

1) 分析

左移一位相当于该数乘以 2，124<<1 相当于 124 乘以 2，等于 248。

2) 参考答案

若要使程序的运行结果为 248，应在下画线处填入 c=c<<1。

此程序验证正确，注释与运行结果如下。

```
#include <stdio.h>
int main( )
{   short c=124;
    c=c<<1;
    printf("%d\n",c);
    return 0;
}
```

程序运行结果如图 12-4 所示。

图 12-4　程序 12.4 运行结果

3. 程序设计

【程序 12.5】编写一个程序，实现将一个整数的低 4 位翻转。要求用八进制数输入和输出。

1) 分析

(1) 按位异或运算符(∧)是双目运算符，其功能是将参与运算的两个操作数各对应的二进位按位相"异或"。按位异或运算的主要用途是使指定的位翻转。

(2) 输入 a 变量的值为八进制数 3，其二进制形式为 00000011(一个字节 8 位)，因此 a 变量%o 输出 3，%d 输出 3。

(3) 将一个整数的低 4 位翻转，即经过运算 b=a^15=00000011^00001111=00001100，因此 b 变量%o 输出 14，%d 输出 12。

2) 参考答案

程序代码如下：

```c
#include <stdio.h>
int main( )
{   int a,b;
    scanf("%o",&a);
    printf("翻转前为%o,%d\n",a,a);
    b=a^15 ;
    printf("翻转后为%o,%d\n",b,b);
    return 0;
}
```

程序运行结果如图 12-5 所示。

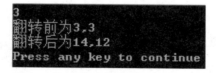

图 12-5　程序 12.5 运行结果

12.3　本章实验复习小结

1. 实验复习

常见的位运算符有按位与、或、异或、取反、左移、右移 6 种。在这 6 种运算符中，只有按位取反(~)是单目运算符，其他 5 种都是双目运算符。

位运算只能用于整型数据，其他类型数据进行位操作时编译器会报错。

参与位运算时，操作数都必须先转换成二进制形式，再执行相应的按位运算。如果参加运算的是负数(如-3&-4)，则要以补码形式表示为二进制数，然后按位进行位运算。

对于移位操作，有算术移位和逻辑移位之分。微软的 VC++ 6.0 和 VS 2008 编译器都采取算术移位操作。算术移位与逻辑移位在左移操作中都一样，即高位丢弃，低位补 0。但在右移操作中，逻辑移位的高位是补 0，而算术移位的高位是补符号位。

思考：简单总结 C 语言程序 6 种位运算符的规则；你在上机过程中主要遇到了哪些问题？是如何解决的？

2. 实验小结

实验完成 内容记录	
实验易错点 记录	
实验收获	
实验成绩	
指导老师实验 评语	

第二篇

进　阶　篇

第 13 章 C 语言课程设计

《庄子·养生主》里有篇名为《庖丁解牛》的寓言，讲的是一个叫庖丁的人，在开始学宰牛时，因为不了解牛的身体构造，眼前所见就是一头庞大的牛。等他有了三年的宰牛经历后，就完全了解了牛的身体构造，再看牛时，出现在眼前的就不再是一头整牛，而是许多可以拆卸下来的零部件！

编程也是一样的，在没有深入学习之前，总觉得别人的程序写得好，而自己却无从下手。所谓"胸有成竹，意在笔先"，我们认为可以通过读程序来培养"意"。学过本章之后，学生首先应该学会对程序设计的功能进行解构，因为如果不了解程序的功能就茫然下手，见到的必然是一头庞大的"牛"。在此基础上，如果能够进一步掌握编程的逻辑思维方式，注意结构化的程序设计、数据结构的选择、算法的实现……那么看到的将不再是一条条语句，而是一个个函数、功能模块了。当然还需要在长期的学习中反复实践、观察、分析、比较、总结，逐渐地积累编程经验，提高编程水平。

13.1 C 语言课程设计大纲

1. C 语言课程设计目的与任务

根据中国高等教育委员会的要求，高校学生必须具备扎实的计算机基础知识、较强的程序设计和软件开发能力，特别是对计算机专业及相关专业的学生要求更高。安排此次课程设计的目的，就是要通过一次集中的强化训练，使学生能及时巩固已学的知识，补充未学的但又是必需的内容，进一步提高程序设计的能力。希望同学们珍惜此次机会，不但使自己的程序设计能力上一台阶，同时提高与程序设计和软件开发有关的各种综合能力。

2. 具体安排

(1) 课程设计以编程上机为主，具体按指导书中安排的内容进行。

(2) 每班安排一名指导老师，分配一间机房，每人一台计算机。

3. 要求

(1) 学生和指导老师都要认真对待此次课程设计，要把课程设计作为一门课程来完成，不得无故缺课、迟到或早退。

(2) 学生要认真消化指导书中的所有内容，按时完成指导书中的练习。为达到此目的，在课程开始之前，要提前消化指导书中的内容。

(3) 每个学生要在课程设计结束后的一周内，按要求编写好软件设计报告，由学习委员集中交给指导老师。

(4) 指导老师对学生要严格要求，对学生的设计要认真指导，认真解答学生指出的问题，并根据具体情况进行必要的集中讲授。

4．评分办法

课程设计结束后，由指导老师根据学生在课程设计中的表现及完成的任务数量与质量为每个学生评定成绩。具体可分两步进行。

1) 课堂检查

在课程设计的最后一天或由老师根据实习情况自行安排，分别对每个学生的设计进行检查。检查的内容主要有 3 方面。

(1) 完成练习的情况，可先由学生自我汇报，然后由老师进行检查；

(2) 随机提问，从中判定学生的算法设计和程序设计的分析能力；

(3) 观看学生设计的模拟运算过程及结果，并进行必要的提问，判别学生的完成情况。

2) 评审软件设计报告

指导老师认真阅读每个学生的软件设计报告，对其系统设计、数据结构设计、算法设计、程序设计等的合理性和质量以及对报告的编写质量进行认真审核，以此作为评定综合练习成绩的主要依据。

课程实习报告的参考格式如下。

(1) 题目编号。

(2) 写出系统总体设计的思路、功能模块划分；给出合理的测试数据及运行结果，要求能够体现程序的正确性和完备性及对错误输入的处理；总结算法或系统的优缺点，给出算法或系统进一步改进的设想；在附录中给出源代码。

(3) 附录。

最后根据两个步骤的检查情况，结合学生的表现情况给定最终成绩。最终成绩原则上按出勤记载、课程实习报告和答辩综合给定。

在学时安排和评分时，不同专业的学生可适当区别对待。

13.2 C 语言课程设计题库

【设计题 1】通讯录管理系统。

设计要求。

编写一个具有数据插入、修改、删除、显示、排序和查询功能的电话簿管理程序(即通讯录管理系统)。

(1) 数据包括姓名、工作单位、电话号码和 E-mail 地址等，以文件存储。

(2) 可对记录中的姓名和电话号码进行修改。

(3) 可增加或删除记录。

(4) 可显示所有保存的记录。

(5) 可按姓名或电话号码进行查询。

【设计题 2】文件移位加密与解密。

设计要求。

将某一已知文件的内容(仅限于英文字母)以字符形式读出，根据密钥(用户从键盘输入)将对应字符进行移位操作，解密时进行相反操作。

例如，对文件加密，设原文为 abcdef，密钥为 5，则有 abcdef 每个字母按字母表向后移动 5 位(注：z 后接 a)可得到密文(乱码)fghijk；对该文件解密：文件内容为 fghijk，密钥为 5，则 fghijk 每个字母向前移动 5 位(注 a 后接 z)，可得到原文 abcdef。

【设计题 3】 以本班同学的具体数据为背景，设计一个本班同学通讯录(通讯录至少应该有以下数据项：姓名、地址、电话、邮编、E-mail)。

设计要求。

(1) 通讯录编辑(添加、删除)。

(2) 按不同的项进行查找。

(3) 对已存在的通讯录按不同的项排序。

(4) 将通讯录写入文件。

(5) 从文件读入通讯录。

【设计题 4】 设计一个学生成绩排名系统。

设计要求。

(1) 具备对成绩的管理功能(添加、删除、排序)。

(2) 具备对成绩的统计功能(最高分、最低分、平均分、及格率等)。

(3) 具备按学号、姓名或课程名查询成绩的功能。

备注：成绩记录信息有班级、学号、姓名、四门成绩(百分制)。

【设计题 5】 设计一个运动会管理系统。

设计要求。

(1) 初始化输入。N—参赛学校总数，M—男子竞赛项目数，W—女子竞赛项目数。各项目名次取法有如下几种。

① 取前 6 名。第 1 名得分 7，第 2 名得分 5，第 3 名得分 4，第 4 名得分 3，第 5 名得分 2，第 6 名得分 1。

② 取前 3 名。第 1 名得分 5，第 2 名得分 3，第 3 名得分 2。

③ 用户自定义。各名次权值由用户指定。

(2) 由程序提醒用户填写比赛结果，输入各项目获奖运动员的信息。

(3) 所有信息记录完毕后，用户可以查询各个学校的比赛成绩，生成团体总分报表，查看参赛学校信息和比赛项目信息等。

【设计题 6】 设计成绩记录簿。

设计要求。

(1) 创建信息并以磁盘文件保存。

(2) 读取磁盘文件并显示输出所有学生的成绩。

(3) 按学号或姓名查询成绩。

(4) 添加成绩记录。

(5) 修改指定姓名或学号的学生的成绩并可存盘。

(6) 输出 60 分以下、60~79 分、80~89 分、90 分以上各分数段的学生信息。

备注：每个学生的信息包括学号、姓名、C 语言成绩。

【设计题 7】 学生籍贯信息记录簿。

设计要求。

(1) 创建信息并以磁盘文件保存。

(2) 读取磁盘文件并显示输出所有学生的籍贯信息。

(3) 按学号或姓名查询其籍贯。

(4) 按籍贯查询并输出该籍贯的所有学生。

(5) 能添加、删除和修改学生的籍贯信息。

(6) 显示输出四川籍和非四川籍学生的信息并可分别存盘。

备注：每个学生信息包括学号、姓名、籍贯。

【设计题 8】 职工信息管理系统设计。

设计要求。

(1) 系统以菜单方式工作。

(2) 职工信息录入功能(职工信息用文件保存)。

(3) 职工信息浏览功能。

(4) 查询和排序功能。

(5) 职工信息删除、修改功能。

备注：职工信息包括职工号、姓名、性别、年龄、学历、工资、住址、电话(职工号不重复)等。

【设计题 9】 图书信息管理系统设计。

设计要求。

(1) 系统以菜单方式工作。

(2) 图书信息录入功能(图书信息用文件保存)。

(3) 图书信息浏览功能。

(4) 查询和排序功能。

备注：图书信息包括登录号、书名、作者名、分类号、出版单位、出版时间、价格等。

【设计题 10】 学生信息管理系统设计。

设计要求。

(1) 系统以菜单方式工作。

(2) 学生信息录入功能(学生信息用文件保存)。

(3) 学生信息浏览功能。

(4) 查询、排序功能(至少两种查询依据和两种排序依据)。

(5) 学生信息删除、修改功能。

备注：学生信息包括学号、姓名、年龄、性别、出生年月、地址、电话、E-mail 等。

【设计题 11】 学生选修课程系统设计。

设计要求。

(1) 系统以菜单方式工作。

(2) 课程信息录入功能(课程信息用文件保存)。

(3) 课程信息浏览功能。

(4) 查询功能(至少两种查询方式：按学分查询和按课程性质查询)。

备注：假定有 n 门课程，每门课程有课程编号、课程名称、课程性质、总学时、授课学时、实验或上机学时、学分、开课学期等信息，学生可按要求(如总学分不得少于 60 分)自由选课。

【设计题 12】职工工作量统计系统。

设计要求。

(1) 输入职工工号和完成的产品数量，程序允许同一职工有多次输入，并对其完成的产品数量实现累计。

(2) 按完成数量对职工排序，并确定名次。

(3) 按由多到少对完成的产品数量进行顺序输出名次、同一名次的职工人数及他们的工号(工号按由小到大的顺序输出)。

【设计题 13】销售管理系统。

某公司有 4 位销售员(编号：1～4)，负责销售 5 种产品(编号：1～5)。每位销售员都将当天出售的每种产品各写一张便条交上来。每张便条包含内容：销售员的代号、产品的代号、这种产品当天的销售额。每位销售员每天可能上缴 0～5 张便条。

设计要求。

(1) 计算上个月每个人每种产品的销售额。

(2) 按销售额对销售员进行排序，输出排序结果(销售员代号)。

(3) 统计每种产品的总销售额，对这些产品按从高到低的顺序输出排序结果(需输出产品的代号和销售额)。

(4) 输出统计报表。

【设计题 14】简单的试题库管理系统。

设计要求。

试题库管理系统要求对试题进行集中、有序、有效的管理，这样更新方便、查询快捷、组卷灵活，并能降低劳动强度。

试题库管理系统的设计目标是：实现新试题库的建立，界面友好、操作方便；按试题的难易程度、题型、章节等分类录入、修改、删除试题，通过文本文件导入试题，并可以实现对相关试题的查询；按照要求自动组卷，生成文本格式试卷并输出，便于用户存档和编辑；同时，该系统还具备一定的安全性，通过用户名与密码登录。

【设计题 15】社区医院门诊信息管理系统。

设计要求。

实现对来社区医院急诊、门诊的病人整个诊疗过程的一体化管理。患者在首次到社区医院就医时，可选择性地办理医疗卡建立其就医档案。这对于社区中的居民来说较为实用，因为社区的居民一般相对固定，来院就医的患者在一定程度上也是比较固定的。持医疗卡的病人就诊时可以通过输入设备刷医疗卡，完成来院挂号、诊断项目的检查、交费、取药等工作；非使用医疗卡的患者在挂号时计算机将自动为其分配临时号码，能够选择挂号类别(普通号、专家号等)以及就诊科别，动态显示挂号的金额，输入交费的金额后自动计算显示出找补金额，最后输出显示门诊挂号单。患者信息需要用文件存储。

【设计题 16】学生证管理程序。

设计要求。

(1) 录入某位学生的学生证信息，学生证应该包含的信息参见自己的学生证。

(2) 给定学号，显示某位学生的学生证信息。

(3) 给定某个班级的班号，显示该班所有学生的学生证信息。

(4) 给定某位学生的学号，修改该学生的学生证信息。

(5) 给定某位学生的学号，删除该学生的学生证信息。

(6) 提供一些统计各类信息的功能。

【设计题 17】歌曲信息管理系统。

设计要求。

制作一个歌曲信息管理系统，要求提供以下功能。

(1) 歌曲信息包括歌曲名、作者、演唱者、发行年月等。

(2) 可以对歌曲信息进行输入、删除、浏览。

(3) 可以根据歌曲名、作者、演唱者查询歌曲信息。

(4) 提供按作者分组显示功能。

(5) 用文件存储信息。

【设计题 18】停车场管理系统。

设计要求。

(1) 有一个两层的停车场，每层有 6 个车位，当第一层车停满后才允许使用第二层(停车场可用一个二维数组实现，每个数组元素存放一个车牌号)。每辆车的信息包括车牌号、层号、车位号、停车时间共 4 项，其中，停车时间按分钟计算。

(2) 假设停车场的初始状态为第一层已经停有 4 辆车，其车位号依次为 1~4，停车时间依次为 20、15、10、5，则先将这 4 辆车的信息存入文件 car.dat 中(数组的对应元素也要进行赋值)。

(3) 停车操作：当一辆车进入停车场时，先输入其车牌号，再为它分配一个层号和一个车位号(分配前先查询车位的使用情况，如果第一层有空则必须停在第一层)，停车时间设为 5，最后将新停入的汽车信息添加到文件 car.dat 中，并将在此之前的所有车的停车时间加上 5。

(4) 收费管理(取车)：当有车离开时，输入其车牌号，按其停车时间计算费用，每 5 分钟 0.2 元(停车费用可设置一个变量进行保存)，同时从文件 car.dat 中删除该车的信息，并将该车对应的车位设置为可使用状态(即二维数组对应元素清零)，最后按用户的选择来判断是否要输出停车收费的总计。

(5) 输出停车场中全部车辆的信息。

(6) 退出系统。

【设计题 19】物业管理系统。

设计要求。

用于小区的物业管理，管理的项目包括小区住户管理、物业收费项目管理、物业收费管理。要求用文件存储相关信息。

(1) 可随时浏览、录入和更改小区住户、收费项目等数据。

(2) 可随时增、删、改、查收费项目及其标准。

(3) 生成小区住户收费报表(包括全部、已交、欠交)。

【设计题 20】人事管理系统。

设计要求。

某高校主要人员有：在职人员(行政人员、教师、一般员工)、退休人员和临时工。现在需要存储这些人员的人事档案信息：编号、姓名、性别、年龄、职务、职称、政治面貌、最高学历、任职时间、来院时间、人员类别。其中，人员编号是唯一的，不能重复。

(1) 添加/删除功能：能根据学院人事的变动情况，添加、删除记录。

(2) 查询功能：能根据编号和姓名进行查询。

(3) 编辑功能(高级)：根据查询对相应的记录进行修改，并存储。

(4) 统计功能：能根据多种参数进行人员的统计(在职人数、党员人数、女职工人数、高学历高职称人数(硕士学位以上或者副教授以上))，同时要求显示被统计者的相应信息。

(5) 排序功能：按照年龄、来院时间进行排序。

(6) 保存功能：能对输入的数据进行相应的存储。

13.3 C 语言课程设计范例

1. 课程设计题目——学生成绩管理系统

学生成绩管理系统，每个学生是一个记录，包括学号、姓名、性别、3 门课程成绩。系统设计要求如下。

(1) 信息录入。录入学生成绩信息(包括学生学号、姓名、各门课程的成绩等)。

(2) 信息查询。输入学号，查询学生各门课程的成绩，并显示。

(3) 排序。按各门课程的成绩平均分进行排序，并显示。

(4) 信息删除与修改——输入学号，删除该学生的成绩信息。

2. 分步实施设计系统功能

(1) 初步完成总体设计，搭好框架，确定人机对话的界面，确定函数个数。

(2) 建立一个文件，将每位学生的信息写入文件中并能显示于屏幕上。

(3) 完成上述信息(学生学号、姓名等)查询、排序、删除与修改功能。

3. 课程设计要求

(1) 用 C 语言实现程序设计。

(2) 利用结构体数组实现学生信息的保存。

(3) 系统的各个功能模块要求用函数的形式实现。

(4) 界面友好(良好的人机交互)，程序加必要的注释。

4. 本范例参考程序设计

```c
#include <stdio.h>
    #include <malloc.h>
    #include <string.h>
    struct Student
    {      char xuehao[100];
      char name[100];
      char sex[100];
      int age;
      float score;
    };
```

```
        void menu(int *n)
        { printf("\t\t\t*****************************************\n");
          printf("\t\t\t\t\t1.创建数据\n");
          printf("\t\t\t\t\t2.添加数据\n");
          printf("\t\t\t\t\t3.删除数据\n");
          printf("\t\t\t\t\t4.查找数据\n");
          printf("\t\t\t\t\t5.按成绩进行排序\n");
          printf("\t\t\t\t\t6.退出\n");
          printf("\t\t\t*****************************************\n");
          printf("请输入数字 1-6:");
          scanf("%d",n);
        }
        void scanfstudent(struct Student * p,int len)
//输入学生的信息 学号 姓名 性别 年龄 得分
{ int i;
  for(i = 0; i < len; i++)
      { printf("请输入第%d 学生的信息:\n",i+1);
          printf("学号:");
      scanf("%s",p[i].xuehao);
      printf("姓名:");
      scanf("%s",p[i].name);
      printf("性别:");
      scanf("%s",p[i].sex);
      printf("年龄:");
      scanf("%d",&p[i].age);
      printf("得分:");
      scanf("%f",&p[i].score);
      printf("\n");
      }
}
void printfstudent(struct Student *p,int len)//对学生的信息进行输出
{ int i;
  printf("学号\t\t 姓名\t\t 性别\t\t 年龄\t\t 分数\n\n");
  for (i = 0; i < len; i++)
    {   printf("%s\t\t",p[i].xuehao);
        printf("%s\t\t",p[i].name);
        printf("%s\t\t",p[i].sex);
        printf("%d\t\t",p[i].age);
        printf("%.2f\n",p[i].score);
    }
}
void createdata(struct Student *p,int *len)
{ int n;
  printf("请输入要创建数组的长度: ");
  scanf("%d",&n);
  scanfstudent(p,n);
  *len = n;
  printfstudent(p,*len);
}
void add(struct Student *p,int *len)//增加一个学生的信息，并且按照顺序排列
{ int c = 1;
```

```
   while(c == 1)
      { int mylen = *len;
      struct Student st;
      printf("请输入要添加学生的信息:\n");
      printf("学号:");
      scanf("%s",st.xuehao);
      printf("姓名:");
      scanf("%s",st.name);
      printf("性别:");
      scanf("%s",st.sex);
      printf("年龄:");
      scanf("%d",&st.age);
      printf("得分:");
      scanf("%f",&st.score);
      printf("\n");
   p[mylen] = st;
   *len = mylen+1;
      printfstudent(p,*len);
   printf("\n");
      printf("是否继续添加? 输入:\n1.继续\n2.退出\n");
      scanf("%d",&c);
    }
}
void Sort(struct Student *p,int len)//按照分数从高到低排列
{ struct Student st;
    int i,j;
    for(i = 0; i < len - 1; i++)
    {
    for(j = i + 1 ; j < len; j++)
    if(p[i].score < p[j].score)
        { st = p[i];
          p[i] = p[j];
          p[j] = st;
        }
    }
printfstudent(p,len);
}
/*if(myp->score >= p[0].score)*/
{
for(i = mylen; i > 0 ; i--)
p[i] = p[i-1];
p[0] = *myp;
}
else if(myp->score <= p[mylen-1].score)
{
p[mylen] = *myp;
}
void del(struct Student *p,int *len)//删除学生的信息
{ int i,j;
 char p1[1024];
 int c = 1;
```

```
while(c == 1)
{   int mylen=*len;
      printf("请输入要删除学生的学号:");
      scanf("%s",p1);
for(i = 0; i < *len; i++)
{   if(strcmp(p[i].xuehao,p1)==0)
      break;
}
if(i == 0)//删除的是第一个元素
{   for(j = 0; j < (*len)-1; j++)
      p[j] = p[j+1];
}
else if(i>0 && i<(*len)-1)//删除中间的元素
{   for(j = i;j<(*len) -1;j++)
    p[j] = p[j+1];
}
else if(i == (*len)-1)
;
else
printf("error,学号输入有误!\n");
*len =mylen-1;//数组长度减少一个
printfstudent(p,*len);
printf("\n");
printf("是否继续删除? 输入:\n1.继续\n2.退出\n");
scanf("%d",&c);
}
}
void search(struct Student *p,int len)//按学号或者姓名查找学生信息
{
int i,j;
int flat = 0;
char num[100];
char name1[100];
printf("请输入1或2,1按学号查找,2按姓名查找:");
scanf("%d",&i);
if(i == 1)
{
printf("请输入要查找的学号:");
scanf("%s",num);
for(j = 0; j <len; j++)
{
if(strcmp(p[j].xuehao,num) == 0)
{
flat ++;
break;
}
}
if(!flat)
{
printf("学号输入有误!\n");
}
```

```
else
{
printf("学号:%s,姓名:%s,性别:%s,年龄:%d,得分:%.2f\n",p[j].xuehao,p[j].name,
p[j].sex,p[j].age,p[j].score);
}
}
else if(i == 2)
{
flat = 0;
printf("请输入要查找的姓名:");
scanf("%s",name1);
for(j = 0; j <len; j++)
{  if(strcmp(p[j].name,name1) == 0)
    {  flat ++;
    printf("学号:%s,姓名:%s,性别:%s,年龄:%d,得分:%.2f\n",p[j].xuehao,
p[j].name,p[j].sex,p[j].age,p[j].score);
break;
}
}
if(!flat)
{  printf("姓名输入有误!\n");
}}}
int main()
{ int n;
  struct Student p[1024];
  int len = 0;
 while(1)
 {  menu(&n);
    switch(n)
    {  case 1:createdata(p,&len);break;
     case 2:add(p,&len);break;
     case 3:del(p,&len);break;
     case 4:search(p,len);break;
     case 5:Sort(p,len);break;
     case 6:printf("谢谢您的使用!\n\n");break;
     default:printf("输入有误重新输入!\n\n");break;
    }
if(n == 6)
break;
}
return 0;
}
```

程序运行结果如图 13-1、图 13-2 所示。

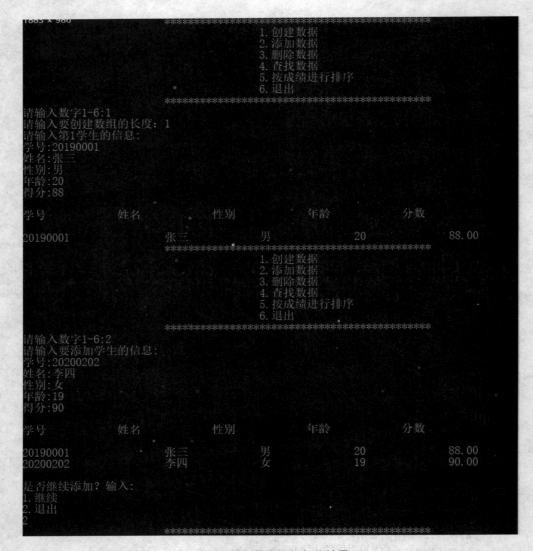

图 13-1　范例程序运行部分结果(1)

```
                    ************************************
                              1. 创建数据
                              2. 添加数据
                              3. 删除数据
                              4. 查找数据
                              5. 按成绩进行排序
                              6. 退出
                    ************************************
请输入数字1-6:3
请输入要删除学生的学号:20209999
学号              姓名              性别              年龄              分数

20190001          张三              男                20                88.00
20200202          李四              女                19                90.00
20186789          赵六              男                21                99.00

是否继续删除？输入:
1. 继续
2. 退出
2
                    ************************************
                              1. 创建数据
                              2. 添加数据
                              3. 删除数据
                              4. 查找数据
                              5. 按成绩进行排序
                              6. 退出
                    ************************************
请输入数字1-6:4
请输入1或2,1按学号查找,2按姓名查找:2
请输入要查找的姓名:李四
学号:20200202,姓名:李四,性别:女,年龄:19,得分:90.00
                    ************************************
                              1. 创建数据
                              2. 添加数据
                              3. 删除数据
                              4. 查找数据
                              5. 按成绩进行排序
                              6. 退出
                    ************************************
请输入数字1-6:5
学号              姓名              性别              年龄              分数

20186789          赵六              男                21                99.00
20200202          李四              女                19                90.00
20190001          张三              男                20                88.00
                    ************************************
                              1. 创建数据
                              2. 添加数据
                              3. 删除数据
                              4. 查找数据
                              5. 按成绩进行排序
                              6. 退出
                    ************************************
请输入数字1-6:6
谢谢您的使用!
```

图 13-2　范例程序运行部分结果(2)

第 14 章 NCRE 二级 C 语言

14.1 NCRE 二级 C 语言考试介绍

全国计算机等级考试(National Computer Rank Examination，NCRE)，是经原国家教育委员会(现教育部)批准，由教育部考试中心主办，面向社会，用于考查非计算机专业应试人员计算机应用知识与技能的全国性计算机水平考试体系。NCRE 考试采用全国统一命题、统一考试的形式。

NCRE 不以评价教学为目的，考核内容不是按照学校要求设定的，而是根据社会不同部门应用计算机的不同程度和需要、国内计算机技术的发展情况以及中国计算机教育、教学和普及的现状而确定的；它以应用能力为主，划分为四个等级，分别考核，为人员择业、人才流动提供其计算机应用知识与能力水平的证明。

本实践教材所涉等级为二级，即程序设计、办公软件高级应用级，考核内容包括计算机语言与基础程序设计能力，要求参试者掌握一门计算机语言，可选类别有高级语言程序设计类、数据库程序设计类、Web 程序设计类等。二级还包括办公软件高级应用能力，要求参试者具有计算机应用知识及 Microsoft Office 办公软件的高级应用能力，能够在实际办公环境中开展具体应用。所涉科目有语言程序设计类(C、C++、Java、Visual Basic、Web)、数据库程序设计类(Visual FoxPro、Access、MySQL)、办公软件高级应用(Microsoft Office 高级应用)共 9 个科目，采取完全上机考试形式，各科上机考试时间均为 120 分钟，满分 100 分，获证条件为总分不低于 60 分。

1. 基本要求

(1) 熟悉 Visual C++集成开发环境。
(2) 掌握结构化程序设计的方法，具有良好的程序设计风格。
(3) 掌握程序设计中简单的数据结构和算法并能阅读简单的程序。
(4) 在 Visual C++集成环境下，能够编写简单的 C 程序，并具有基本的纠错和调试程序的能力。

2. 考试方式

上机考试，考试时长 120 分钟，满分 100 分。

3. 题型及分值

(1) 单项选择题 40 分(含公共基础知识部分 10 分)。
(2) 操作题 60 分(包括程序填空题、程序修改题及程序设计题)。

14.2　NCRE 二级 C 语言考试内容

1. C 语言程序的结构

(1) 程序的构成，main 函数和其他函数。

(2) 头文件，数据说明，函数的开始和结束标志以及程序中的注释。

(3) 源程序的书写格式。

(4) C 语言的风格。

2. 数据类型及其运算

(1) C 语言的数据类型(基本类型、构造类型、指针类型、无值类型)及其定义方法。

(2) C 语言运算符的种类，运算优先级和结合性。

(3) 不同类型数据间的转换与运算。

(4) C 语言表达式类型(赋值表达式、算术表达式、关系表达式、逻辑表达式、条件表达式、逗号表达式)和求值规则。

3. 基本语句

(1) 表达式语句、空语句、复合语句。

(2) 输入输出函数的调用，正确输入数据并正确设计输出格式。

4. 选择结构程序设计

(1) 用 if 语句实现选择结构。

(2) 用 switch 语句实现多分支选择结构。

(3) 选择结构的嵌套。

5. 循环结构程序设计

(1) for 循环结构。

(2) while 和 do…while 循环结构。

(3) continue 语句和 break 语句。

(4) 循环的嵌套。

6. 数组的定义和引用

(1) 一维数组和二维数组的定义、初始化和数组元素的引用。

(2) 字符串与字符数组。

7. 函数

(1) 库函数的正确调用。

(2) 函数的定义方法。

(3) 函数的类型和返回值。

(4) 形式参数与实际参数，参数值的传递。

(5) 函数的正确调用、嵌套调用、递归调用。

(6) 局部变量和全局变量。

(7) 变量的存储类别(自动、静态、寄存器、外部)，变量的作用域和生存期。

8. 编译预处理

(1) 宏定义和调用(不带参数的宏，带参数的宏)。

(2) "文件包含"处理。

9. 指针

(1) 地址与指针变量的概念，地址运算符与间址运算符。

(2) 一维、二维数组和字符串的地址以及指向变量，数组、字符串、函数、结构体指针变量的定义。通过指针引用以上各类型数据。

(3) 用指针作函数参数。

(4) 返回地址值的函数。

(5) 指针数组，指向指针的指针。

10. 结构体(即"结构")与共用体(即"联合")

(1) 用 typedef 说明一个新类型。

(2) 结构体和共用体类型数据的定义和成员的引用。

(3) 通过结构体构成链表，单向链表的建立，结点数据的输出、删除与插入。

11. 位运算

(1) 位运算符的含义和使用。

(2) 简单的位运算。

12. 文件操作

(1) 只要求缓冲文件系统(即高级磁盘 I/O 系统)，对非标准缓冲文件系统(即低级磁盘 I/O 系统)不要求。

(2) 文件类型指针(FILE 类型指针)。

(3) 文件的打开与关闭(fopen、fclose)。

(4) 文件的读写(fputc、fgetc、fputs、fgets、fread、fwrite、fprintf、fscanf 函数的应用)和文件的定位(rewind，fseek 函数的应用)。

14.3　NCRE 二级 C 语言考点剖析

全国计算机等级考试二级 C 语言考试的内容包括公共基础部分，包含数据库设计基础、数据库与算法、软件工程基础和程序设计基础等内容。还包括本实践教材所涉及的 C 语言部分，包含 C 程序设计基础、选择结构、循环结构、数组、函数、指针、结构体、链表及共用体、文件及编译系统等内容。

14.3.1 程序设计基础

【考点 1】C 程序基础。

(1) C 语言是一种结构化程序设计语言，有三种基本结构，即顺序、选择和循环。

(2) 计算机高级语言程序的运行方法有编译执行和解释执行两种，C 语言程序仅可以编译执行。C 语言编译的程序称为源程序，以 ASCII 数值存放在文本文件中。

(3) C 程序的开发过程：编辑(源程序以.c 为扩展名)—>编译—>链接(目标程序以.obj 为扩展名)—>执行(可执行程序以.exe 为扩展名)。

【考点 2】C 语言程序的基本构成及格式。

(1) C 程序由函数组成，一个程序必须有且只能有一个主函数(main)，而且程序总是从 main 函数开始执行(即程序的入口)，由 main 函数结束(即程序的出口)。

(2) C 程序中每条语句都以分号";"结束，分号是 C 程序的一部分，即使是程序的最后一个语句也不例外。分号是语句结束的标志。

(3) C 语言程序书写格式自由，语句可以从任一列开始书写，一行内可以写多个语句。一条语句也可以分在多行上写，但是，不能将一个整体结构分开。

(4) C 语言的注释必须放在"/*"和"*/"之间，"/"和"*"之间不允许有空格，"/*"和"*/"之间不允许再插入"/*"或"*/"。注释可以出现在程序中的任意位置，注释部分不被执行。

【考点 3】标识符。

(1) 标识符只能由字母、数字和下画线组成，且第一个字符必须是字母或下画线。

(2) 标识符区别大小写字母，如 sum 和 Sum 是两个完全不同的标识符。

(3) 标识符的分类如下。

① 关键字。具有特定含义的、不可改变的、专门用来说明 C 语言特定成分的一类标识符，共 32 个，如 int、float、double 等类型说明符，if、for、while 等语句定义符。

② 预定义标识符。也有特定的含义，有特殊用途，但可以改变，如 printf、scanf 等库函数的命名，include 等编译预处理命令名。

③ 用户标识符。由用户根据需要定义的标识符被称为用户标识符。用户标识符用来给变量、函数、数组或者指针等命名。

(4) 标识符不能使用关键字，命名要求见名知意，长度要求最长 32 个字符，最好 8 个字符以内。

【考点 4】常量与变量。

(1) 常量是指在程序执行中不变的量。常量分为整型常数、实型常数、字符常量、字符串常量等。

(2) 变量是指在程序执行中可以改变的量。变量代表内存中具有特定属性的一个存储单元，它用来存放数据，这就是变量的值，在程序运行期间，这些值是可以改变的。

(3) 以考试标准 Visual C++6.0 为例，说明各类型变量所占的位数及字节数，见表 14-1。

表 14-1　Visual C++ 6.0 各类型变量所占位数及字节数

类　型	位　数	字 节 数	类　型	位　数	字 节 数
short	16	2	unsigned int	32	4
int	32	4	float	32	4
long	32	4	double	64	8
unsigned long	32	4	char	8	1
unsigned short	16	2	unsigned char	8	1

【考点 5】整型常量。

(1) 十进制整常数，没有前缀，其数码为 0～9。八进制整常数，以 0 为前缀，其数码为 0～7。十六进制整常数，以 0X 或 0x 为前缀，其数码为 0～9，A～F 或 a～f。

(2) 长整型数，整型常数后缀为 L 或 l。无符号数，整型常数后缀为 U 或 u。

【考点 6】实型常量。

(1) 小数形式，由数字和小数点组成，必须有小数点。注意：小数点前后不能同时没有数字。

(2) 指数形式，用 "e" 或 "E" 后接一个整数，表示以 10 为底的幂数。注意："e" 或 "E" 的前后必须有数字，之后的数字必须是整数，且和前后的数字之间不能有空格。

【考点 7】数制转换。

(1) 二、八、十六进制数转换为十进制数的规则是：按权相加。

(2) 十进制数转换为二、八、十六进制数的规则是：整数部分用基数除取余，逆序排列；小数部分用基数乘取整，顺序排列。

(3) 二进制数转换为八、十六进制数的规则是：三(四)合一，按序相拼(整数部分，从右向左取，小数部分从左向右取，位数不足补零)。

(4) 八、十六进制数转换为二进制数的规则是：一分三(四)，按序相拼。

【考点 8】字符与 ASCII 码。

(1) '0' 的 ASCII 数值为 48，'a' 的 ASCII 数值是 97，'A' 的 ASCII 数值是 65。

(2) 字符是按 ASCII 码(整数)形式存储的，字符型和整数是近亲，可以作为整数类型的一种。字符也可以进行算术运算，如 'A'+32='a'，即大写字母与小写字母的 ASCII 码值相差 32。

(3) '1' 是字符，占一字节，"1"是字符串，占两字节(含有一个结束符号'\0')。

【考点 9】算术运算。

(1) 求余运算(%)。%的两边必须是整型数据。求余(%)的方法是：忽略符号，求出余数，再将所得余数的符号定为与被除数相同。

(2) 求商运算(/)。当除号(/)左右两边都是整数的时候，商也是整数，如果不是整数则舍弃小数部分。若参与运算的量有一个为实型，则商为 double 型。

(3) 各种类型数据混合运算时，最终结果的类型依据以下转换规律：

char -> short -> int -> long -> float -> double

【考点 10】强制类型转换。

(1) 一般形式：(类型说明符)(表达式)。

(2) 功能。把表达式的运算结果强制转换成类型说明符所表示的类型。

(3) 注意。

① 类型说明符一定用括号括起来，如(int)a，而不是 int(a)。

② (int)(a+b)和(int)a+b 的区别。前者把 a+b 转换成整型，后者把 a 转换成整型再加 b。

【考点 11】赋值。

(1) 赋值运算符(=)的一般格式为：变量名=表达式，功能是将表达式的值赋给左边的变量。赋值运算符左边只能是一个变量，不能是常量，也不能是表达式。

(2) 实型数据赋给整型变量时，小数部分被舍去，整型数据赋给实型变量时，系统自动将整型数据转换为实型数据。如 int a =1.8;，变量 a 的值是 1。

(3) 自反赋值运算符 OP(+=、-=、*=、/=、%=、&=、|=、^=、>>=、<<=)的格式为：变量 OP=表达式，可改写成：变量 =变量 OP 表达式。如 a*=m+2 同 a=a*(m+2)。

【考点 12】自增自减运算。

(1) ++(--)在变量前先加(减)后用，++(--)在变量后先用后加(减)。

(2) 自增自减运算符(++和--)只能用于变量，不能用于常量和表达式。

【考点 13】逗号运算。

(1) 一般格式：表达式 1, 表达式 2, …, 表达式 n。

(2) 逗号运算的求值顺序是从左到右依次求解，逗号表达式的值是整个逗号表达式中最右边的那个表达式的值。

【考点 14】位运算。

(1) 位运算的处理方法是先把十进制数变成二进制数再变成十进制数。

(2) 按位与(&)运算的规则是"两边同时为 1，结果才为 1，否则为 0"；按位异或(^)运算的规则是"两边相同为 0，相异为 1"；按位或(|)运算的规则是"只要有一边为 1，结果为 1"。

(3) 在没有舍去数据的时候，左移(<<)一位表示乘以 2，右移(>>)一位表示除以 2。

【考点 15】格式输入函数 scanf。

(1) 一般形式：scanf("输入格式",输入参数地址列表);。

(2) 输入格式一般形式：%[*][输入数据宽度][长度]类型，*表示该输入项，读入后不赋予相应的变量；输入数据宽度：用十进制数指定输入的字符数。

(3) 若输入格式字符串中有非格式字符串，则按原样输入。若格式控制字符串中没有非格式字符作输入数据之间的间隔，则可用空格、Tab 键、回车键作间隔。

(4) 输入字符数据时，若格式控制字符串中无非格式字符，则认为所有输入的字符均为有效字符，空格会被当作有效字符赋值给变量。

(5) 对于字符型和整型两种类型，当定义的变量类型和 scanf 中的"格式符"类型不一致时，整型和字符型之间通过 ASCⅡ值可以相互转化。

【考点 16】格式输出函数 printf()。

(1) 一般形式：printf("输出格式",输出参数列表);。

(2) 遇到控制字符，按照控制字符的规定输出，遇到非格式字符串按原样输出。

【考点 17】字符输出/输入函数。

(1) 字符输出函数 putchar 的一般形式：putchar(ch);。

(2) 字符输入函数 getchar 的一般形式：getchar();或 ch=getchar();。

(3) putchar 和 getchar 可用于输出或输入单个字符，是 printf 与 scanf 函数的简化，都是 stdio.h 文件中的库函数。

(4) getchar 经常作为 while 循环条件，用来判断输入哪一个字符时，循环结束。如输入字符串，直到输入"\n"程序结束，则可写成 while(getchar()!='\n ')。

14.3.2　选择结构和循环结构

【考点 18】关系运算。

(1) C 语言中用非 0 表示逻辑真,用 0 表示逻辑假,关系表达式的数值只能为 1(表示真),或 0(表示假)。

(2) 关系运算符有 6 个，分别是>、>=、<、<=、==、!=，前 4 种优先级高于后两种。

(3) 要表示 x 比 a 大、比 b 小，用 a<x<b 表示是错误的。因为关系运算的结合性自左向右，则 a<x<b 先计算 a<x，得到的结果为 1 或者 0，再用数值 1 或 0 与 b 比较得到结果。所以一定要用 (x>a)&&(x<b)表示比 a 大比 b 小。

【考点 19】逻辑运算。

(1) C 语言中用非 0 表示逻辑真,用 0 表示逻辑假,逻辑表达式的数值只能为 1(表示真),或 0(表示假)。

(2) 进行逻辑运算时，若逻辑与(&&)左边运算对象的值为 0，则不再对右边的运算对象进行运算，整个表达式的值为 0；若逻辑或(||)左边运算对象的值为 1，则不再对右边的运算对象进行运算，整个表达式的值为 1。

【考点 20】条件运算。

条件运算(?:)是唯一的三目运算符，格式：表达式 1 ?表达式 2: 表达式 3，表示表达式 1 值为非 0 时，整个表达式的值为表达式 2，表达式 1 值为 0 时，整个表达式值为表达式 3。

【考点 21】if 语句。

(1) if 可以单独出现，也可以与 else 匹配出现。if 语句可以嵌套，这时 else 总是与离它最近的且没有与 else 匹配的 if 匹配。

(2) 对于单个 if 语句，其后跟随的受 if 控制的只能是 1 个语句或者 1 个复合语句，如有多个语句则需要用{ }括起来。

(3) 当多个 if(表达式)单分支形式并行出现时，其执行顺序是：先判断第一 if 单分支的条件，如果为真，执行其后面的语句，执行完后，继续向下执行，判断第二个 if 单分支语句，依此类推。如果第一个 if 表达式的值为假，则不执行其后的语句，而去判断第二个 if 单分支条件。

【考点 22】switch 语句。

(1) switch 语句圆括号中表达式的值必须是整型或字符型，不能为实型。

(2) case 后的表达式可以是求得整型和字符型的常量表达式，但不能含有变量。

(3) default 的位置对程序的执行没有影响。

(4) switch 只可以和 break 一起用,不可以和 continue 一起用。有 break 和没有 break 的差别：没有 break 时，只要有一个 case 匹配，剩下的都要执行，有 break 则是直接跳出 switch 语句。

(5) 使用 switch 语句和循环语句(for、while)时，要注意 switch 里面的 break 语句退出的位置。

【考点 23】循环结构。

(1) 有 while、do…while、for 三种循环结构。

(2) 循环一定要有结束条件，否则就是死循环；循环体部分可以只有一条空语句，不做任何操作。

(3) for 循环中的表达式 1、表达式 2、表达式 3 可以默认，但两个分号不能省略。表达式 1 和表达式 3 也可以是逗号表达式。

(4) do…while 循环的最后一个分号 while();一定不能丢。

(5) 如果 while 循环第一次判断表达式的值为 0，则循环一次也不执行，即 while 循环体最少执行 0 次。do…while 循环至少执行一次循环。

【考点 24】break 与 continue。

(1) break 的功能：跳出整个 switch 语句；跳出循环体，防止死循环。break 语句只能出现在 switch、while、do…while、for 循环中，不能出现在其他地方。

(2) continue 的功能：结束本次循环，接着判断是否继续下一次循环。continue 语句只能出现在 while、do…while、for 循环中。

(3) break 与 continue 的区别。在循环结构中，break 用于退出本层循环，continue 用于退出本次循环。

14.3.3 数组

【考点 25】一维数组的定义。

(1) 数组是一组具有相同类型的数据的集合，这些数据称为数组元素。数组元素的下标从 0 开始，到数组长度减 1 结束。

(2) 一维数组的格式为：类型名 数组名[数组的长度]。数组的长度必须是一个整型常量、整型常量表达式，数组的所占字节数为数组的元素个数与基类型所占字节数的乘积。

【考点 26】数组名。

(1) 数组名是数组的首地址，也是数组第一个元素的首地址。数组名不能单独引用，不能通过一个数组名代表全部元素。

(2) 数组名是地址常量，不能对数组名赋值。但数组名可以作为地址与一个整数相加得到一个新地址。

【考点 27】一维数组的初始化。

(1) 可以顺序列出数组元素的全部初值，如 int a[3]={1,2,3 };，也可以只给数组的前面一部分元素设定初值，未赋初值的元素自动取 0 值。

(2) 数组初始化元素值默认为 0，没有初始化元素值为随机。如在 int a[5]={0,1};中，元素 a[4]的值为 0；而在 int a[5];中，元素 a[4]的值为一个不确定的随机数。

(3) 对全部数组元素赋初值时，可以不指定数组元素的个数，如 int a[]={1,2,3,4,5};。

【考点 28】二维数组。

(1) 二维数组的格式：类型名 数组名[行数] [列数]，共 "行数×列数" 个元素。

(2) 二维数组按行分段赋初值，按行连续赋值。对部分元素赋初值时，未赋初值的元素自动取 0 值。若对全部元素赋初值，则第一维的长度可以不指定。

【考点 29】字符串与字符数组。

(1) 字符串常量是由双引号括起来的一串字符，如 "hello"。在存储字符串时，系统会自动在其尾部加上一个空值 "\0"，空值也要占用 1 字节，也就是说，字符串 "hello" 需要占 6 字节。

(2) C 语言没有字符串变量，只能采用字符数组来存储字符串。字符数组的大小应该比它实际存放的最长字符串多一个元素，用来存放空值 "\0"。

(3) 字符串赋值的两种形式：char str[]="hello"; 和 char *p; p="hello";。但不能用 char str[10];str="hello";，因为字符数组名 str 是一个地址常量，不能进行赋值操作。

【考点 30】字符串的输入与输出。

(1) 可以用 scanf 和 printf 函数，如 scanf("%s",str); 和 printf("%s",str);。

(2) 也可用专门处理字符串的两个函数 gets 和 puts 函数，使用 gets 函数可以接收空格，使用 puts 函数在最后输出一个换行。

(3) 还可以逐个对字符数组元素进行赋值，但一定要在最后赋一个 "\0"。

(4) scanf 和 gets 的区别：函数 scanf 不可以接收空格，函数 gets 可以接收空格。

如果输入的是 good study！，则 scanf("%s",a); 只会接收 good，而 gets(a); 会接收 good study！。

【考点 31】字符串函数。

(1) 字符串函数包括字符串复制函数 strcpy()、求字符串长度函数 strlen()、字符串连接函数 strcat()、字符串比较函数 strcmp() 等。使用这些函数需在预处理部分包含头文件 string.h。

(2) 字符串长度要小于字符数组的长度，如 char str[8]= "hello";，则 sizeof(str) 的值为数组长度 8，strlen(str) 的值为字符串长度 5；如 char str [5]= {'o', 'k' };的数组长度为 5，字符串长度为 2。

14.3.4 函数

【考点 32】函数的定义。

(1) 函数是具有一定功能的一个程序块，是 C 语言的基本组成单位。

(2) 一个函数由函数的首部和函数体两部分组成，函数体包括声明部分和执行部分。

(3) 函数的首部为：函数类型 函数名(形式参数 1, 形式参数 2,…)，函数类型默认为 int 型。定义函数时函数首部的函数名后必须有一对小括号，函数体必须放在一对花括号内。

(4) 在函数定义中不可以再定义函数，即不能嵌套定义函数。

【考点 33】库函数。

(1) 调用 C 语言标准库函数时要包含 include 命令，include 命令行以#开头，后面是< > 或 ""括起来的扩展名为 .h 的头文件。

(2) 以#开头的一行称为编译预处理命令行，编译预处理不是 C 语言语句，不加分号，不占运行时间。

(3) 使用算术平方根函数 sqrt()、绝对值函数 fabs()、正弦函数 sin()、幂函数 pow()，需在预处理部分包含头文件 math.h。

【考点 34】 函数的返回值。

(1) 函数返回 return 语句的一般形式：return 表达式;或 return (表达式);。

(2) 函数通过 return 语句返回一个值，返回的函数值的类型与函数定义中的类型保持一致，如不一致，以函数定义类型为准。

(3) 在函数中允许有多个 return 语句，但每次只能有一个 return 语句被执行。

(4) return 后的表达式可以是常量、变量、表达式，也可以为空。

【考点 35】 函数的声明。

(1) 函数声明与函数定义是有区别的，函数声明可以和函数定义分开，一个函数只可以定义一次，但是可以声明多次。

(2) 函数要"先定义后调用"或"先声明再调用后定义"。即当函数定义在调用之后时，调用前必须对函数进行声明，声明的形式和定义中的函数头部分相同，最后加分号即可。

(3) 函数的声明一定要有函数名、函数返回值类型、函数参数类型，但不一定要有形参的名称。

【考点 36】 函数的调用。

(1) 程序从上往下执行，当碰到函数名后，把值传给调用函数，当程序得到了返回值或调用函数结束，再顺序往下执行，最后到 main 函数结束。

(2) 函数调用的一般形式为：函数名(实际参数表);，实参可以是常数、变量或其他构造类型数据及表达式，也可以没有。

(3) 函数调用的方式。

① 函数表达式。函数作为表达式中的一项出现在表达式中，以函数返回值参与表达式运算，如 c=max(a,b);。

② 函数语句。在函数调用的一般语句后加上分号，如 printf("%d\n",c);。

③ 函数实参。函数作为另一个函数调用的实际参数出现，如 max(c,max(a,b));。

【考点 37】 函数的参数及值传递。

(1) 形式参数简称形参，是定义函数时函数名后面括号中的参数。实际参数简称实参，是调用函数时函数名后面括号中的参数。实参和形参分别占据不同的存储单元，实参传递给形参有"传数值"和"传地址"两种方式。

(2) 传数值方式是单向传递，形参的变化不会改变实参的变化。传地址方式是双向传递，形参的变化有可能改变实参所对应的量。

【考点 38】 函数的递归调用。

(1) 函数直接或间接地调用自己称为函数的递归调用。

(2) 递归调用必须有一个明确的结束递归的条件。在做递归题时要把递归的步骤一步步写下来，切勿弄颠倒了。

【考点 39】 变量存储类别。

1) 静态变量(static)

(1) 在编译时分配存储空间，所占存储单元直到程序结束时才释放，它的值在程序运行过程中一直存在，且变量的初始化只进行一次。

(2) static 说明符既可用于全局变量，也可用于局部变量，使变量在整个程序执行期间一直占用内存单元。

2) 自动变量(auto)

(1) 自动变量的存储空间是当程序执行到定义它的函数或语句块时才分配,当函数执行结束后自动释放,变量的值也就不再存在。

(2) 局部变量的存储类别默认为 auto,可以省略,但 auto 不能定义全局变量。

3) 寄存器变量(register)

建议编译程序将变量的值保存在 CPU 的寄存器中,而不是占用内存单元。register 也不可以定义全局变量。

14.3.5 指针

【考点 40】指针与指针变量。

(1) 指针就是地址,指针变量用来存储地址,而一般变量用来存储数值。

(2) 指针变量可指向任意一种数据类型,且不管它指向的数据占用多少字节,一个指针变量占用 4 字节。

(3) 指针变量定义的格式为:类型名 *指针变量名。

【考点 41】各种指针变量的定义和含义(见表 14-2)。

表 14-2　各种指针变量的定义和含义

定　义	含　义
int i;	定义整型变量 i
int *p;	p 为指向整型数据的指针变量
int a[n];	定义含 n 个元素的整型数组 a
int *p[n];	n 个指向整型数据的指针变量组成的指针数组 p
int (*p)[n];	p 为指向含 n 个元素的一维整型数组的指针变量
int f();	f 为返回整型数据的函数
int *p();	p 为返回指针的函数,该指针指向一个整型数据
int (*p)();	p 为指向函数的指针变量,该函数返回整型数据
int **p;	p 为指向一个指向整型数据的指针变量

【考点 42】指针变量的初始化。

(1) 指针变量在使用前必须进行初始化,把一个具体的地址赋给它,否则引用时会有副作用,如果不指向任何数据就赋空值(NULL)。

(2) 指针变量的两种初始化方法。

① 定义变量的同时初始化,如语句 int a=5,*p=&a;。

② 定义变量之后再初始化,如语句 int a=2,*p;　p=&a;。

【考点 43】指针变量的引用。

(1) 指针的引用通过两个运算符&和*实现,&和*是互逆的运算符。&是取地址符号,*是取值符号,是间接访问运算符。

(2) 在指针变量名前加间接访问运算符(*)就等价它所指向的量。

【考点 44】指针的运算。

(1) 定义指针变量 int *p;语句中 *p 和 p 的差别。p 是指针变量,当作地址来使用;*p

可作变量来用，*的作用是取存放在指针(地址)p 里面的数值。

(2) *p++和(*p)++之间的差别。*p++是地址会变化，(*p)++ 是数值会变化。

(3) 指针变量是存放地址的，并且指向哪个就等价哪个，所有出现*p 的地方都可以用它等价代替指向的变量。如语句 int a=5,*p=&a; *p=*p+1;中，由于*p 指向变量 a，则*p 等价于 a，故*p=*p+1 相当于是 a=a+1。

【考点 45】指针与一维数组。

(1) 例如，语句 int a[6],*pa; pa=a; 或 pa=&a[0]; 能建立指针变量与一维数组的联系。

(2) 数组名代表数组的首地址。一维数组中，第一个元素的地址即为该数组的起始地址，如语句 pa=a; 或 pa=&a[0];。

(3) 数组名是一个地址常量，它永远指向数组的首地址，不能重新赋值。

【考点 46】用指针访问数组元素。

(1) 例如，语句 int *p, a[5];p=&a[0];可通过指针引用数组元素。如*p 等价于 a[0];，p 等价于&a[0]，*(p+1) 等价于 a[1]，p+1 等价于&a[1]。

(2) 例如，语句 int a[5];可通过数组的首地址引用数组元素。如*a 等价于 a[0]，*(a+1) 等价与 a[1]，a 等价于&a[0]，a+1 等价于&a[1];。

(3) 例如，语句 int *p,a[5]; p=a;可用带下标的指针变量引用一维数组元素。如 p[0]表示 p 指针指向的内存单元，p[1]表示 p+1 指向的内存单元。若 a[i]等价于 p[i]、*(a+i)、*(p+i)，则&a[i] 等价于&p[i]、a+i、p+i。

【考点 47】指针与二维数组。

(1) 二维数组可被看作一种特殊的一维数组，它的元素又是一个一维数组。

(2) 二维数组在内存中按行来存放，行指针指向由多个元素组成的一维数组的指针变量。一般定义形式：类型名 (*指针数组名)[常量表达式];。

(3) 取数组元素 a[i][j]地址的方法有&a[i][j]、a[i]+j、*(a+i)+j。

(4) 指针数组与行指针的区别。

① 例如，语句 int *p[3];定义的是指针数组，表示一个数组 p，含有 3 个元素 p[0]、p[1]、p[2]，且这 3 个元素只能存放整型元素的地址。

② 例如，语句 int (*p)[3];定义的是行指针，仅有一个存储空间，只能存放一个长度为 3 的一维数组指针，表示指向由 3 个元素组成的一维数组的指针变量。

【考点 48】指针与字符串。

(1) 可以通过字符指针来处理字符串，如语句 char *p="hello"; 或 char *p; p="hello";把字符串赋值给指针 p，实际上是把保存字符串"hello"的那段内存的首地址赋值给指针 p，使得指针 p 指向字符串，那么就可以通过指针来操作字符串。

(2) 数组名表示第一个元素的地址，数组名是地址常量名，不能进行赋值和自加(减)等运算；函数名表示该函数的入口地址；字符串常量名表示第一个字符的地址。

14.3.6 结构体、链表与共用体

【考点 49】用 typedef 定义类型。

(1) 用 typedef 可为已有数据类型取别名，形式为：typedef 旧类型名 新类型名;。

(2) 定义的新名只是原名的一个别名，并不是建立一个新的数据类型；用新名和原名定

义的对象具有相同的性质和效果。

【考点 50】 结构体类型的说明。

(1) 结构体是若干个类型数据的集合,是可以由用户自己定义的数据类型。

(2) 结构体类型说明格式:struct 类型名 {类型 1 成员名 1;类型 2 成员名 2;…};。
以上整个部分是一个数据类型,与整型 int 是同样地位。

(3) 可用 typedef 把结构体类型替换成一个只有几个字母的简短标识符。

【考点 51】 结构体变量的定义。

(1) 结构体类型与结构体变量是不同的概念,结构体变量是用说明的结构体类型定义的变量,结构体类型是用户自己定义的数据类型。

(2) 结构体类型中的成员名可以与程序中的变量名相同,但二者不代表同一对象。结构体变量中的成员可以单独使用,它的作用与地位相当于普通变量。

(3) 一个结构体变量所占字节数为其所有成员所占字节数之和。

(4) 可以先声明结构体类型,再定义该类型变量,也可以在声明结构体类型的同时定义变量,还可以不指定结构体类型名而直接定义结构体类型变量。

【考点 52】 结构体成员的引用。

引用结构体变量成员的方法是:结构体变量名.成员名。

结构体指针变量引用成员的方法:

(1) (*指针变量名).成员名。

(2) 指针变量名->成员名。

注意运算符级别,()、 ->和 . 同级别,均大于*。

【考点 53】 结构体变量与函数调用。

(1) 用结构体变量的成员作参数,将值传递给形参。其用法和用普通变量作实参是一样的,属于"单向值传递"方式。应当注意实参与形参的类型应保持一致。

(2) 用结构体变量作实参,对应形参也是同类型结构体变量,也属于"单向值传递"方式。

(3) 用指向结构体变量(或数组)的指针作实参,将结构体变量(或数组元素)的地址传给形参。属于"地址传递"方式,应注意在被调用函数中是否对该地址的值有影响。

【考点 54】 共用体。

(1) 共用体的使用格式与结构体相似,定义的关键字为 union,所占字节数是所有成员中字节数最大的那个,用于使几个不同类型的变量共占一段内存。

(2) 结构体与共用体的存储方式不同,结构体变量占用的内存单元是其所有成员占内存单元的总和,而共用体变量是其所有成员中占用空间最大的成员的内存单元。

(3) 结构体与共用体的类型定义、变量定义、成员引用等操作方式相同,两种类型可相互嵌套。

【考点 55】 链表。

(1) 链表是由一个个结点构成的,一个结点就是一个结构体变量。每个结点可以分为数据域与指针域两个部分,数据域用来存放要存储的数据,指针域用来指向下一个结点。

(2) 链表是考试中的难点,要掌握如何在链表中增加和删除节点,以及如何构成一个简单的链表。

14.3.7　文件及编译系统

【考点 56】文件类型指针。

(1) 文件指针是一个指向文件类型的指针，定义格式为：FILE *指针变量名。

(2) 在使用文件时，需要先定义文件指针。

【考点 57】文本文件与二进制文件。

(1) 文本形式存放的是字符的 ASCII 码，例如，"100"如果是文本形式，则存储'1'、'0'、'0'三个字符的 ASCII 码(00110001 00110000 00110000)。

(2) 二进制形式存放的是数据的二进制。例如，"100"如果是二进制形式，则将 100 转化成二进制(01100100)存储。

【考点 58】打开文件。

(1) 文件的打开形式：FILE *fp;　fp=fopen("c:\\lab.c", "rb");。

(2) fopen 函数的前面一部分为文件名，后面一部分为文件的使用方式。打开方式中 r 代表读，w 代表写，a 代表添加，b 代表二进制位。

【考点 59】文件函数。

(1) 判断文件结束函数 feof，移动文件指针位置函数 fseek，获得文件位置函数 ftell，文件位置移到开头函数 rewind。

(2) 文件字符输入输出函数 fgetc 和函数 fputc，文件输入输出函数 fscanf 和函数 fprintf，文件字符串输入输出函数 fgets 和函数 fputs，读写二进制文件函数 fread 和函数 fwrite。

以上函数要求会用格式，清楚是用于二进制文件还是文本文件。

14.4　NCRE 二级 C 语言操作题真题训练

操作题建议读者分"一看、二写、三检查"三步来完成。"一看"是指考生在抽取考题后，不要先急着写相应函数，应将整个程序从头到尾通读一遍，清楚各函数间的互调关系，明确程序中哪些变量是全局变量，可以直接使用，哪些是局部变量，只能在本函数内部使用。"二写"是指考生了解程序大致结构后，根据题意，可先在草纸上画出程序的流程图，设计实现题意的算法，这些工作完成后，代码的实现就是很简单的事了。"三检查"是指考生按题意完成程序，执行无误后，在结束考试前，打开输出文件，查看结果是否与题意一致，只有这样，才能确保考试顺利过关。

14.4.1　操作题目

【填空题 1】给定程序中，函数 fun 的功能是将 a 和 b 所指的两个字符串转换成数值相同的整数，并进行相加作为函数值返回，规定字符串中只含 9 及以下数字字符。

例如，主函数中输入字符串：32486 和 12345，则输出的函数值为：44831。

在程序的下画线处填入正确的内容并把下画线删除，使程序得出正确的结果。

注意：源程序存放在考生文件夹下的 BLANK1.C 中。不得增行或删行，也不得更改程序的结构。

```
#include <stdio.h>
#include <string.h>
#include <ctype.h>
#define N 9

long ctod( char *s )
{ long d=0;
  while(*s)
    if(isdigit( *s)) {
/**********found**********/
     d=d*10+*s-___1___;
/**********found**********/
     ___2___; }
  return d;
}
long fun( char *a, char *b )
{ /**********found**********/
  return ___3___;
}

int main()
{ char s1[N],s2[N];
  do
  { printf("Input string s1 : "); gets(s1); } while( strlen(s1)>N );
  do
  { printf("Input string s2 : "); gets(s2); } while( strlen(s2)>N );
   printf("The result is: %ld\n", fun(s1,s2) );
return 0;}
```

【填空题 2】给定程序中，函数 fun 的功能是：找出 100～999(含 100 和 999)所有整数中各位上数字之和为 x(x 为一正整数)的整数，然后输出；符合条件的整数个数作为函数值返回。例如，当 x 值为 5 时，100～999 各位上数字之和为 5 的整数有：104、113、122、131、140、203、212、221、230、302、311、320、401、410、500，共有 15 个；当 x 值为 27 时，各位数字之和为 27 的整数是：999，只有 1 个。在程序的下画线处填入正确的内容并把下画线删除，使程序得出正确的结果。

注意：源程序存放在考生文件夹下的 BLANK1.C 中。不得增行或删行，也不得更改程序的结构！

```
#include <stdio.h>
fun(int x)
{ int n, s1, s2, s3, t;
 n=0;
 t=100;
/**********found**********/
  while(t<=___1___){
/**********found**********/
   s1=t%10;  s2=(___2___)%10;  s3=t/100;
/**********found**********/
   if(s1+s2+s3==___3___)
   { printf("%d ",t);
```

```
        n++;
      }
    t++;
  }
  return  n;
}

int main()
{ int x=-1;
  while(x<0)
  { printf("Please input(x>0): ");
    scanf("%d",&x);
  }
  printf("\nThe result is: %d\n",fun(x));
return 0;
}
```

【填空题 3】 下面程序通过定义学生结构体变量，存储了学生的学号、姓名和 3 门课的成绩。所有学生数据均以二进制方式输出到文件中。函数 fun 的功能是从形参 filename 所指的文件中读入学生数据，并按照学号从小到大排序后，再用二进制方式把排序后的学生数据输出到 filename 所指的文件中，覆盖原来的文件内容。在程序的下画线处填入正确的内容并把下画线删除，使程序得出正确的结果。

注意：源程序存放在考生文件夹下的 BLANK1.C 中。不能增行或删行，也不能更改程序的结构！

```
#include  <stdio.h>
#define    N    5

typedef struct student { long  sno;
                         char  name[10];
                         float  score[3];
} STU;
void fun(char  *filename)
{ FILE  *fp;
  int  i, j;
  STU  s[N], t;
/**********found**********/
  fp = fopen(filename, ___1___);
  fread(s, sizeof(STU), N, fp);
  fclose(fp);
  for (i=0; i<N-1; i++)
    for (j=i+1; j<N; j++)
/**********found**********/
      if (s[i].sno ___2___)
      { t = s[i];  s[i] = s[j];  s[j] = t; }
  fp = fopen(filename, "wb");
/**********found**********/
  ___3___(s, sizeof(STU), N, fp);
  fclose(fp);
}
```

```
int main()
{ STU  t[N]={ {10005,"ZhangSan", 95, 80, 88}, {10003,"LiSi", 85, 70, 78},
              {10002,"CaoKai", 75, 60, 88}, {10004,"FangFang", 90, 82, 87},
              {10001,"MaChao", 91, 92, 77}}, ss[N];
  int  i,j;       FILE  *fp;
  fp = fopen("student.dat", "wb");
  fwrite(t, sizeof(STU), 5, fp);
  fclose(fp);
  printf("\n\nThe original data :\n\n");
  for (j=0; j<N; j++)
  { printf("\nNo: %ld  Name: %-8s      Scores: ",t[j].sno, t[j].name);
    for (i=0; i<3; i++)  printf("%6.2f ", t[j].score[i]);
    printf("\n");
  }
  fun("student.dat");
  printf("\n\nThe data after sorting :\n\n");
  fp = fopen("student.dat", "rb");
  fread(ss, sizeof(STU), 5, fp);
  fclose(fp);
  for (j=0; j<N; j++)
  { printf("\nNo: %ld  Name: %-8s      Scores: ",ss[j].sno, ss[j].name);
    for (i=0; i<3; i++)  printf("%6.2f ", ss[j].score[i]);
    printf("\n");
  }
return 0;
}
```

【填空题 4】给定程序中，函数 fun 的功能是：计算 N×N 矩阵的主对角线元素和反向对角线元素之和，并作为函数值返回。注意：要求先累加主对角线元素中的值，然后累加反向对角线元素中的值。例如，若 N=3，有下列矩阵：

$$1 \quad\quad 2 \quad\quad 3$$
$$4 \quad\quad 5 \quad\quad 6$$
$$7 \quad\quad 8 \quad\quad 9$$

fun 函数首先累加 1、5、9，然后累加 3、5、7，函数的返回值为 30。在程序的下画线处填入正确的内容并把下画线删除，使程序得出正确的结果。

注意：源程序存放在考生文件夹下的 BLANK1.C 中。不能增行或删行，也不能更改程序的结构！

```
#include    <stdio.h>
#define   N    4

fun(int  t[][N], int  n)
{ int  i, sum;
/**********found**********/
    __1__;
  for(i=0; i<n; i++)
/**********found**********/
    sum+=__2__;
  for(i=0; i<n; i++)
```

```
/**********found**********/
    sum+= t[i][n-i-  3  ] ;
  return sum;
}

int main()
{  int  t[][N]={21,2,13,24,25,16,47,38,29,11,32,54,42,21,3,10},i,j;
   printf("\nThe original data:\n");
   for(i=0; i<N; i++)
   {  for(j=0; j<N; j++)  printf("%4d",t[i][j]);
      printf("\n");
   }
   printf("The result is:  %d",fun(t,N));return 0;
}
```

【改错题 5】 给定程序 MODI1.C 中函数 fun 的功能是：求 s = aa…aa − … − aaa − aa − a (此处 aa…aa 表示 n 个 a，a 和 n 的值在 1～9 之间)。例如 a=3，n=6，则以上表达式为：s = 333333 − 33333 − 3333 − 333 − 33 − 3，其值是：296298。a 和 n 是 fun 函数的形参，表达式的值作为函数值传回 main 函数。改正函数 fun 中指定部位的错误，使它能得出正确的结果。

注意：不要改动 main 函数，不能增行或删行，也不能更改程序的结构！

```
#include <stdio.h>
long fun (int a, int n)
{  int j ;
/***************found**************/
   long  s = 0,  t = 1 ;
   for ( j = 0 ; j < n ; j++)
     t = t * 10 + a ;
   s = t ;
   for ( j = 1 ; j < n ; j++) {
/***************found**************/
     t = t % 10 ;
     s = s - t ;
   }
   return(s) ;
}

int main( )
{  int a, n ;
   printf( "\nPlease enter a and n:") ;
   scanf( "%d%d", &a, &n ) ;
   printf( "The value of  function is: %ld\n", fun ( a, n ) );
return 0;
}
```

【改错题 6】 给定程序 MODI1.C 中 fun 函数的功能是：分别统计字符串中大写字母和小写字母的个数。例如，输入字符串 s AAaaBBb123CCccccd，则应输出结果 upper=6，lower=8。改正程序中的错误，使它能计算出正确的结果。

注意：不要改动 main 函数，不能增行或删行，也不能更改程序的结构！

```
#include <stdio.h>
/*********found*********/
void fun ( char *s, int a, int b )
{   while ( *s )
  {  if ( *s >= 'A' && *s <= 'Z' )
/*********found*********/
      *a=a+1 ;
    if ( *s >= 'a' && *s <= 'z' )
/*********found*********/
      *b=b+1;
    s++;
  }
}

int main( )
{  char   s[100];  int   upper = 0, lower = 0 ;
   printf( "\nPlease a string : " );  gets ( s );
   fun ( s, & upper, &lower );
   printf( "\n upper = %d  lower = %d\n", upper, lower );
return 0;
}
```

【改错题 7】 给定程序 MODI1.C 中函数 fun 的功能是：用冒泡法对 6 个字符串按由小到大的顺序进行排序。改正程序中的错误，使它能得出正确的结果。

注意：不要改动 main 函数，不能增行或删行，也不能更改程序的结构。

```
#include <stdio.h>
#include <string.h>
#define MAXLINE 20

fun ( char *pstr[6] )
{   int i, j ;
    char *p ;

    for (i = 0 ; i < 5 ; i++ ) {
/**************found**************/
     for (j = i + 1, j < 6, j++)
      {
        if(strcmp(*(pstr + i), *(pstr + j)) > 0)
        {
          p = *(pstr + i) ;
/**************found**************/
          *(pstr + i) = pstr + j ;
          *(pstr + j) = p ;
        }
      }
    }
}

int main( )
{   int i ;
```

```
    char *pstr[6], str[6][MAXLINE] ;
    for(i = 0; i < 6 ; i++) pstr[i] = str[i] ;
    printf( "\nEnter 6 string(1 string at each line): \n" ) ;
    for(i = 0 ; i < 6 ; i++) scanf("%s", pstr[i]) ;
    fun(pstr) ;
    printf("The strings after sorting:\n") ;
    for(i = 0 ; i < 6 ; i++) printf("%s\n", pstr[i]) ;
return 0;
}
```

【改错题 8】给定程序 MODI1.C 中函数 fun 的功能是：求 k！(k<13)，所求阶乘的值作为函数值返回。例如，若 k=10，则应输出 3628800。改正函数 fun 中指定部位的错误，使它能得出正确的结果。

注意：不要改动 main 函数，不能增行或删行，也不能更改程序的结构！

```
#include <stdio.h>
long  fun ( int   k)
{   /************found************/
    if  k > 0
        return (k*fun(k-1));
    /************found************/
   else if ( k=0 )
     return 1L;
}

int main()
{   int k = 10 ;
    printf("%d!=%ld\n", k, fun ( k )) ;
    return 0;
}
```

【编程题 9】编写函数 fun，它的功能是：根据以下公式计算 s，计算结果作为函数值返回；n 通过形参传入。

$$s = 1 + \frac{1}{1+2} + \frac{1}{1+2+3} + \cdots + \frac{1}{1+2+3+\cdots+n}$$

例如，若 n 的值为 11 时，函数的值为 1.833333。

注意：部分源程序在文件 PROG1.C 中。请勿改动主函数 main 及其他函数中的任何内容，仅在函数 fun 的花括号中填入你编写的若干语句。

```
#include <stdio.h>

float fun(int  n)
{



}

int main()
{ int n; float s;
  printf("\nPlease enter N:"); scanf("%d", &n);
```

```
    s = fun(n);
    printf("the result is: %f\n", s);
return 0;
}


NONO ( )
{/* 本函数用于打开文件，输入数据，调用函数，输出数据，关闭文件 */
  FILE *fp, *wf ;
  int i, n ;
  float s;
  fp = fopen("K:\\k01\\24000101\\in.dat","r") ;
  wf = fopen("K:\\k01\\24000101\\out.dat","w") ;
  for(i = 0 ; i < 10 ; i++) {
    fscanf(fp, "%d", &n) ;
    s = fun(n) ;
    fprintf(wf, "%f\n", s) ;
  }
  fclose(fp) ;
  fclose(wf) ;
}
```

【编程题 10】学生的记录由学号和成绩组成，N 名学生的数据已在主函数中放入结构体数组 s 中。编写函数 fun，它的功能是：返回指定学号的学生数据，指定的学号在主函数中输入；若没找到指定学号，在结构体变量中给学号置空串，给成绩置-1，作为函数值返回(用于字符串比较的函数是 strcmp)。

注意：部分源程序在文件 PROG1.C 中。请勿改动主函数 main 及其他函数中的任何内容，仅在函数 fun 的花括号中填入你编写的若干语句。

```
#include <stdio.h>
#include <string.h>
#define   N   16
typedef  struct
{ char  num[10];
   int   s;
} STREC;

STREC  fun( STREC  *a, char  *b )
{


}



int main()
{ STREC  s[N]={{"GA005",85},{"GA003",76},{"GA002",69},{"GA004",85},
        {"GA001",91},{"GA007",72},{"GA008",64},{"GA006",87},
        {"GA015",85},{"GA013",91},{"GA012",64},{"GA014",91},
        {"GA011",77},{"GA017",64},{"GA018",64},{"GA016",72}};
   STREC  h;
   char  m[10];
   int  i; FILE *out ;
```

```
    printf("The original data:\n");
    for(i=0; i<N; i++)
    {  if(i%4==0) printf("\n");
       printf("%s %3d ",s[i].num,s[i].s);
    }
    printf("\n\nEnter the number:  ");gets(m);
    h=fun( s,m );
    printf("The data :  ");
    printf("\n%s  %4d\n",h.num,h.s);
    printf("\n");
    out = fopen("K:\\k17\\24000405\\out.dat","w") ;
    h=fun(s,"GA013");
    fprintf(out,"%s  %4d\n",h.num,h.s);
    fclose(out);
    return 0;
}
```

【编程题 11】 N 名学生的成绩已在主函数中放入一个带头节点的链表结构中，h 指向链表的头节点。编写函数 fun，它的功能是：求出平均分，由函数值返回。

例如，若学生的成绩是 85, 76, 69, 85, 91, 72, 64, 87，则平均分应当是 78.625。

注意：部分源程序在文件 PROG1.C 中。请勿改动主函数 main 和其他函数中的任何内容，仅在函数 fun 的花括号中填入你编写的若干语句。

```
#include <stdio.h>
#include <stdlib.h>
#define  N  8
struct  slist
{ double  s;
   struct slist  *next;
};
typedef  struct slist  STREC;

double  fun( STREC *h )
{



}

STREC * creat( double *s)
{ STREC  *h,*p,*q;   int  i=0;
  h=p=(STREC*)malloc(sizeof(STREC));p->s=0;
  while(i<N)
  { q=(STREC*)malloc(sizeof(STREC));
    q->s=s[i]; i++;  p->next=q; p=q;
  }
  p->next=0;
  return  h;
}

outlist( STREC *h)
{ STREC  *p;
```

```
  p=h->next; printf("head");
  do
  { printf("->%4.1f",p->s);p=p->next;}
  while(p!=0);
  printf("\n\n");
}

int main()
{ double  s[N]={85,76,69,85,91,72,64,87},ave;
  STREC  *h;
  h=creat( s );   outlist(h);
  ave=fun( h );
  printf("ave= %6.3f\n",ave);
  NONO();
return 0;
}

NONO()
{/* 本函数用于打开文件，输入数据，调用函数，输出数据，关闭文件 */
  FILE *in, *out ;
  int i,j ; double s[N],ave;
  STREC *h ;
  in = fopen("K:\\k25\\24000111\\in.dat","r") ;
  out = fopen("K:\\k25\\24000111\\out.dat","w") ;
  for(i = 0 ; i < 10 ; i++) {
    for(j=0 ; j < N; j++) fscanf(in, "%lf,", &s[j]) ;
    h=creat( s );
    ave=fun( h );
    fprintf(out, "%6.3lf\n", ave) ;
  }
  fclose(in) ;
  fclose(out) ;
}
```

【编程题 12】编写一个函数 fun，它的功能是：计算 n 门课程的平均分，计算结果作为函数值返回。例如，若有 5 门课程的成绩是 90.5, 72, 80, 61.5, 55，则函数的值为 71.80。

注意：部分源程序在文件 PROG1.C 中。请勿改动主函数 main 和其他函数中的任何内容，仅在函数 fun 的花括号中填入你编写的若干语句。

```
#include <stdio.h>

float  fun ( float  *a , int  n )
{



}

int main()
{ float score[30]={90.5, 72, 80, 61.5, 55}, aver;
  aver = fun( score, 5 );
  printf( "\nAverage score  is: %5.2f\n", aver);
```

```
return 0;
}

NONO ( )
{/* 本函数用于打开文件，输入数据，调用函数，输出数据，关闭文件 */
  FILE *fp, *wf ;
  int i, j ;
  float aver, score[5] ;

  fp = fopen("K:\\k01\\24000104\\in.dat","r") ;
  wf = fopen("K:\\k01\\24000104\\out.dat","w") ;
  for(i = 0 ; i < 10 ; i++) {
    for(j = 0 ; j < 5 ; j++) fscanf(fp,"%f,",&score[j]) ;
    aver = fun(score, 5) ;
    fprintf(wf, "%5.2f\n", aver) ;
  }
  fclose(fp) ;
  fclose(wf) ;
}
```

14.4.2　操作题答案

【填空题 1】

答案：程序考查了字符转换成数字和函数嵌套调用。

(1) 在 d=d*10+*s-___1___; 处填空 d=d*10+*s-'0';。

(2) 在___2___;} 处填空 s++; }。

(3) 在 return ___3___; 处填空 return ctod(a)+ctod(b);。

程序运行结果如图 14-1 所示。

```
Input   string  s1 : 32486
Input   string  s2 : 12345
The result is: 44831
Press any key to continue
```

图 14-1　【填空题 1】运行结果

【填空题 2】

答案：程序考查了算术式类的统计特定数。

(1) 在 while(t<=___1___){ 处填空 while(t<=999){。

(2) 在 s1=t%10;　s2=(___2___)%10; s3=t/100; 处填空 s2=(t/10)%10;。

(3) 在 if(s1+s2+s3==___3___) 处填空 if(s1+s2+s3==x)。

程序运行结果如图 14-2 所示。

```
Please input(x>0): 5
104 113 122 131 140 203 212 221 230 302 311 320 401 410 500
The result is: 15
Press any key to continue
```

图 14-2　【填空题 2】运行结果

```
Please input(x>0): 27
999
The result is: 1
Press any key to continue
```

图 14-2　【填空题 2】运行结果(续)

【填空题 3】

答案：程序考查了定义结构体和文件写数据、文件定位。

(1) 在 fp = fopen(filename, ___1___); 处填空 fp = fopen(filename, "rb");。

(2) 在 if (s[i].sno ___2___) 处填空 if (s[i].sno >s[j].sno)。

(3) 在___3___(s, sizeof(STU), N, fp); 处填空 fwrite(s, sizeof(STU), N, fp);。

程序运行结果如图 14-3 所示。

```
No: 10005   Name: ZhangSan       Scores:   95.00  80.00  88.00

No: 10003   Name: LiSi           Scores:   85.00  70.00  78.00

No: 10002   Name: CaoKai         Scores:   75.00  60.00  88.00

No: 10004   Name: FangFang       Scores:   90.00  82.00  87.00

No: 10001   Name: MaChao         Scores:   91.00  92.00  77.00


The data after sorting :

No: 10001   Name: MaChao         Scores:   91.00  92.00  77.00

No: 10002   Name: CaoKai         Scores:   75.00  60.00  88.00

No: 10003   Name: LiSi           Scores:   85.00  70.00  78.00

No: 10004   Name: FangFang       Scores:   90.00  82.00  87.00

No: 10005   Name: ZhangSan       Scores:   95.00  80.00  88.00
Press any key to continue
```

图 14-3　【填空题 3】运行结果

【填空题 4】

答案：程序考查了二维数组类的对角线求和。

(1) 在___1___; 处填空　sum=0;。

(2) 在 sum+=___2___ ; 处填空 sum+=t[i][i] ;。

(3) 在 sum+= t[i][n-i-___3___] ; 处填空　sum+= t[i][n-i-1] ;。

程序运行结果如图 14-4 所示。

```
The original data:
 21   2  13  24
 25  16  47  38
 29  11  32  54
 42  21   3  10
The result is:  203Press any key to continue
```

图 14-4　【填空题 4】运行结果

【改错题 5】

答案：程序考查了数学表达式类的公式计算和数字表达。

(1) 将 long s = 0, t = 1；修改为 long s = 0, t = 0；。

(2) 将 t = t % 10；修改为 t = t / 10；。

程序运行结果如图 14-5 所示。

```
Please enter a and n:3 6
The value of  function is: 296298
Press any key to continue
```

图 14-5 【改错题 5】运行结果

【改错题 6】

答案：程序考查了字符串类的统计大小写。

(1) 将 void fun (char *s, int a, int b) 改为 void fun (char *s, int *a, int *b)。

(2) 将 *a=a+1; 改为 *a=*a+1；。

(3) 将 *b=b+1; 改为 *b=*b+1；。

程序运行结果如图 14-6 所示。

```
Please a string : AAaaBBb123CCccccd

upper = 6  lower = 8
Press any key to continue
```

图 14-6 【改错题 6】运行结果

【改错题 7】

答案：程序考查了一维数组的冒泡法。

(1) 将 for (j = i + 1, j < 6, j++) 修改为 for (j = i + 1; j < 6; j++)。

(2) 将 *(pstr + i) = pstr + j；修改为 *(pstr + i) = *(pstr + j)；。

程序运行结果如图 14-7 所示。

```
Enter 6 string(1 string at each line):
hello  china  world  ok  c   hi
The strings after sorting:
c
china
hello
hi
ok
world
Press any key to continue
```

图 14-7 【改错题 7】运行结果

【改错题 8】

答案：程序考查了算术式类的递归求阶乘。

(1) 将 if k > 0 修改为 if (k > 0)。

(2) 将 else if (k=0) 修改为 else if (k==0)。

程序运行结果如图 14-8 所示。

```
10!=3628800
Press any key to continue
```

图 14-8　【改错题 8】运行结果

【编程题 9】

答案：此程序考查了数学表达式类的项数求和。

```
float fun(int  n)
{   float t=0.0,sum=0.0;
    int i;
    for(i=1;i<=n;i++)
    {
        t=t+i;
        sum=sum+1/t;
    }
    return sum;
}
```

程序运行结果如图 14-9 所示。

```
Please enter N:11
the result is: 1.833333
Press any key to continue
```

图 14-9　【编程题 9】运行结果

【编程题 10】

答案：此程序考查了结构体类的查找指定元素。

```
STREC  fun( STREC  *a, char *b )
{  int i;
   STREC str={"",-1};
   for(i=0;i<N;i++)
   {
       if(strcmp(a[i].num,b)==0)
       {
           str=a[i];
           break;
       }
   }
   return str;
}
```

程序运行结果如图 14-10 所示。

```
The original data:

GA005  85  GA003  76  GA002  69  GA004  85
GA001  91  GA007  72  GA008  64  GA006  87
GA015  85  GA013  91  GA012  64  GA014  91
GA011  77  GA017  64  GA018  64  GA016  72

Enter the number:  GA015
The data :
GA015    85
```

```
Enter the number:  GA020
The data :
    -1
```

图 14-10 【编程题 10】运行结果

【编程题 11】

答案：此程序考查了链表类的求平均值。

```
double  fun( STREC *h  )
{  double sum=0.0;
  while(h!=NULL)
  {
    sum+=h->s;
    h=h->next;
  }
  return sum/N;
}
```

程序运行结果如图 14-11 所示。

```
head->85.0->76.0->69.0->85.0->91.0->72.0->64.0->87.0

ave= 78.625
```

图 14-11 【编程题 11】运行结果

【编程题 12】

答案：此程序考查了一维数组类的求平均值。

```
float  fun ( float  *a ,  int  n )
{ int i;
  float sum=0.0,aver;
  for(i=0;i<n;i++)
  {
    sum+=a[i];
  }
  aver=sum/n;
  return aver;
}
```

程序运行结果如图 14-12 所示。

```
Average score  is: 71.80
Press any key to continue
```

图 14-12 【编程题 12】运行结果

第 15 章　ACM-ICPC 大赛

　　欧阳修的《归田录》里讲了北宋一个武士百步穿杨的箭术和卖油翁滴油不沾的注油本领的故事，人们由故事中的两句话"无他，但手熟尔"和"我亦无他，唯手熟尔"引申出"熟能生巧"这个成语，说明不管做什么事情，只要勤学苦练掌握规律，就能找出许多窍门，干起来得心应手。

　　同样，编程学习也是一个"理论→实践→再理论→再实践"的认知过程，编得多就会熟能生巧。一开始要具有一定的计算机理论基础知识，包括编程所需的数学基础知识。具备入门的条件后，就可以开始编程实践了。在实践中，一旦发现问题，应随时加强计算机理论知识的学习。程序人人皆可编，但编到一定程度很难再提高的时候，就要回过头来学习一些计算机科学和数学基础理论，学过之后，很多问题都会迎刃而解，豁然开朗。因此，在学习编程的过程中要不断地深入学习数据结构、算法、编译原理、操作系统原理、软件工程等知识，只有不断地学习，努力实践，编程水平才会不断提高。当你的编程水平达到一定程度的时候，就可以努力尝试 ACM 大赛了！

15.1　ACM-ICPC 大赛介绍

　　编程就是让计算机代为解决某个问题，对某个计算体系规定一定的运算方式，使计算体系按照该计算方式运行，并最终得到相应结果的过程。

　　什么意思呢？就像我们解数学题，看完题目你会做了，脑袋里有思路，但是应该怎么表达出来呢？这个时候你就要用数学符号，用数学的语言去解释这道题目应该怎么解。然后数学老师就会看懂你的话，并理解你的思路。同样，在编写程序的时候，我们也需要一种计算机的语言，即计算机能看懂并执行的语言。我们所说的编程，就是用计算机的语言告诉计算机去做什么。我们平常所提到的 C 语言、C++语言、Python 语言、Java 语言、就是计算机常用语言。ACM 比赛就是用计算机语言去解决各种问题，类似于数学竞赛，用数学语言去解决数学问题。所以 ACM 是一个挑战性极强的竞赛，这需要经过不断的刻苦训练才能掌握相关的精髓！

　　作为一项计算机类专业学生不得不知道的赛事，接下来就让我们来充分地认识一下这项赛事吧。关于 ACM-ICPC 大赛，其中，国际大学生程序设计竞赛(International Collegiate Programming Contest，ICPC)是一项旨在展示大学生创新能力、团队精神和在压力下编写程序、分析和解决问题能力的年度竞赛，目前已发展成为最具影响力的大学生计算机竞赛。ACM 竞赛是由 ACM(Association for Computing Machinery，美国计算机协会)组织的，始于1970 年，是全球大学生计算机程序能力竞赛活动中最有影响的一项赛事，是全球历史最悠久、规模最大且最负盛名的程序设计竞赛。竞赛提倡创新和团队协作，鼓励学生在构建全新的软件程序时尽情发挥创意，帮助学生检验自己在强压力下的工作能力。该竞赛是世界各地计算机程序设计者大显身手的舞台，也是世界一流大学展现教育成果的最佳窗口。目前这两项赛事基本上已统一起来了，ACM 竞赛相当于为 ICPC 大赛选拔和淘汰各国选手的预赛，最终各国各区域的优秀选手参加最后的国际总决赛。下面就对这项赛事作专门的介绍。

15.1.1　简要规则

ACM-ICPC 以团队的形式代表各学校参赛，每队至多由 3 名队员组成，所有队员必须都是在校学生，有一定的年龄限制，并且每年最多可以参加 2 站的区域选拔赛。

比赛期间，每队使用 1 台计算机在 5 小时内使用 C/C++、Java 和 Python 中的一种编写程序解决 7～13 个问题。程序完成之后提交裁判运行，运行的结果会判定为正确或错误，并及时通知参赛队。而且有趣的是每队在正确完成一题后，组织者将在其位置上升起一只代表该题颜色的气球，每道题目第一支解决完成它的队还会额外获得一个 FIRST PROBLEM SOLVED 的气球。

最后的获胜者为正确解答题目最多且总用时最少的队伍。每道试题用时从竞赛开始到试题解答被判定为正确为止，其间每一次提交运行结果被判错误的话将被加罚 20 分钟时间，未正确解答的试题不计时。

与其他计算机程序竞赛(例如国际信息学奥林匹克，IOI)相比，ACM-ICPC 的特点在于其题量大，每队需要在 5 小时内完成 7 道或以上的题目。另外，一支队伍 3 名队员却只有 1 台计算机，使得时间显得更为紧张。因此除了扎实的专业水平，良好的团队协作和心理素质同样是获胜的关键。

15.1.2　竞赛特点

(1) 参赛队伍最多由 3 名参赛队员组成。

(2) 竞赛中命题 10 题左右，试题描述为英文，比赛时间为 5 小时，前 4 小时可以实时看到排名，最后一小时封榜，无法看到排名。

(3) 竞赛可以使用的语言：C、C++、Java、Kotlin 和 Python。

(4) 重点考察选手的算法和程序设计能力，不考察实际工程中常用的系统编程、多线程编程等。

(5) 选手可携带任何非电子类资料，包括书籍和打印出来的程序等，部分赛区会对选手携带的纸质资料作限制。

(6) 评委负责将结果(正确或出错的类型)通过网络尽快返回给选手，除此之外，不提供任何额外帮助。

(7) 每个题目对应一种颜色的气球，通过该题目的队伍会得到对应颜色气球。每道题目第一支解决完成它的队还会额外获得一个 FIRST PROBLEM SOLVED 的气球。

15.1.3　赛事构成

该赛事由各大洲区域预赛和全球总决赛两个阶段组成。决赛安排在每年的 3～5 月举行，而区域预赛一般安排在上一年的 9～12 月举行。原则上一个大学在一站的区域预赛最多可以有 3 支队伍，但只能有一支队伍参加全球总决赛。

入围世界总决赛名额(WF Slots)分为参与名额(Participation Slots)、奖牌名额(Medal

Bonus Slots)和其他红利名额(Other Bonus Slots)三类。其中参与名额是从 ICPC 总部分配给各大洲区的参与名额(Participation Slots)中，由各大洲区主席确定并分配给洲子赛区的部分，各预赛区第一名自动获得参加全球总决赛的资格；奖牌名额是 ICPC 总部根据上一年度总决赛结果直接分配给获得奖牌的学校的特定名额；其他红利名额是各大洲区主席从 ICPC 总部争取到的额外奖励名额。

全球总决赛第一名将获得奖杯一座。另外，成绩靠前的参赛队伍也将获得金、银和铜牌。而解题数在中等以下的队伍会得到确认但不会进行排名。

15.1.4 赛事评分标准

竞赛进行 5 小时，一般有 7 道或以上试题，由同队的 3 名选手使用同一台计算机协作完成。每当解决了一道试题之后，将其提交给评委，由评委判断其是否正确。若提交的程序运行不正确，则该程序将被退回给参赛队，参赛队可以进行修改后再一次提交该问题。程序判定结果有如下 7 种。

(1) Accepted，通过(AC)。

(2) Wrong Answer，答案错(WA)。

(3) Runtime Error，程序运行出错，意外终止等(RE)。

(4) Time Limit Exceeded，超时，程序没在规定时间内出答案(TLE)。

(5) Presentation Error，格式错，程序没按规定的格式输出答案(PE)。

(6) Memory Limit Exceeded，超内存，程序没在规定空间内出答案(MLE)。

(7) Compile Error，编译错，程序编译不过(CE)。

竞赛结束后，参赛各队以解出问题的多少进行排名，若解出问题数相同，按照总用时的长短排名。总用时为每个解决完的问题所用时间之和。一个解决了的问题所用的时间是竞赛开始到提交被接受的时间加上该问题的罚时(每次提交如果通不过，则罚时 20 分钟)。没有解决的问题不计时。例如，A、B 两队都正确完成两道题目，其中 A 队提交这两题的时间分别是比赛开始后 1:00 和 2:45，B 队为 1:20 和 2:00，但 B 队有一题提交了 2 次，这样 A 队的总用时为 1:00+2:45=3:45，而 B 队为 1:20+2:00+0:20=3:40，所以 B 队以总用时少而获胜。美国英语为竞赛的工作语言，竞赛的所有书面材料(包括试题)将用美国英语写出，区域竞赛中可以使用其他语言。总决赛可以使用的程序设计语言包括 C、C++、Pascal 及 Java，也可以使用其他语言。具体的操作系统及语言版本各年有所不同。

15.1.5 赛事奖励情况

各区域赛一般分别按 10%、20%、30%的比例颁发金、银、铜奖，即一般情况(120 支队伍)有 12 支队伍获金牌，24 支队伍获银牌，36 支队伍获铜牌，其余为优胜奖。

2010 年亚洲区的区域赛中国大陆 5 大赛区由阿里巴巴公司赞助，获得金牌的选手可以享受绿色通道，进入阿里巴巴实习或参加工作。

2012 年亚洲区的区域赛中国大陆 5 大赛区由华为公司赞助，有奖金(冠 5000 美元、亚 3000 美元、季 2000 美元，非冠亚季的金牌 1200 美元，FB(First Blood，指全场第一个解答出某道题) 800 美元，最佳女队 800 美元，顽强拼搏 500 美元)。顽强拼搏是全场最后一个

AC，且只 AC1 道题的队伍。

总决赛前 10 名的队伍将得到高额奖学金：第 1 名奖金为 12000 美元，第 2 名奖金为 6000 美元，第 3 名奖金为 3000 美元，第 4～第 10 名将各得到 1500 美元。除此之外，还将承认北美冠军、欧洲冠军、南太平洋冠军及亚洲冠军。

15.1.6　赛事意义

竞赛规定每支参赛队伍至多由 3 名在校大学生组成，他们需要在规定的 5 小时内解决 7 个或更多的复杂实际编程问题。每队使用一台计算机，参赛者要争分夺秒与其他参赛队伍拼比逻辑、策略和心理素质。

团队成员将在多名专家裁判的严格督察下通力合作，进行问题难度分级、推断出要求、设计测试平台并构建软件系统，最终成功地解决问题。对于一名精通计算机科学的学生而言，有些问题只是精确度的问题；而有些则需要学生了解并掌握高级算法；还有一些问题是普通学生无法解决的，不过对于那些最优秀的学生而言，这一切都不在话下。

竞赛的评判过程十分严格。分发给学生的是问题陈述，而不是要求须知，他们会收到一个测试数据实例，但无法获得裁判的测试数据和接受标准方面的信息。若每次提交的解决方案出现错误，就会受到加时惩罚。毕竟，在处理顶级计算问题时，谁也不想浪费客户的时间。在最短的累计时间内，提交次数最少、解决问题最多的队伍就是最后的胜利者。

目前在 IT 行业开展的众多学术活动中，赞助 ACM-ICPC 赛事占有十分重要的位置。此举旨在促进开放源代码编程技巧的发展，培养更具竞争力的 IT 工作人员，从而推动全球创新和经济增长。华为的"天才少年"计划就为这项赛事选拔人才提供了很好的平台，阿里巴巴也为这项赛事的优秀选手提供了巨大的发展空间。

15.2　ACM 竞赛部分题库

【赛题 1】 取石子游戏。

有两堆石子，数量任意，可以不同。游戏开始由两个人轮流取石子，规定每次有两种不同的取法：一是可以在任意的一堆中取走任意多的石子；二是可以在两堆中同时取走相同数量的石子。最后把石子全部取完者为胜者。现在给出初始的两堆石子的数目，如果轮到你先取，假设双方都采取最好的策略，问最后你是胜者还是败者。

输入格式：输入包含若干行，表示若干种石子的初始情况，其中每一行包含两个非负整数 a 和 b，表示两堆石子的数目，a 和 b 都不大于 1000000000。

输出格式：输出对应也有若干行，每行包含一个数字 1 或 0，如果最后你是胜者，则为 1，反之，则为 0。

样例输入：

```
2 1
8 4
4 7
```

样例输出：

```
0
1
0
```

【赛题 2】 腾讯手机地图。

腾讯手机地图的定位功能用到了用户手机的多种信号,这其中有的信号的作用范围近,有的信号的作用范围则远一些,有的信号相对于用户在不同的方位强度是不同的,有的则在任何一个方向上信号强度都一致。

已知用户面向北方拿着自己的手机,在不同方位的各种信号覆盖区域可以被抽象成以用户为圆心的一系列扇形。已知每个扇形的半径 r,和每个扇形的两条边相对于正东方向的夹角度数。每个信号覆盖区域抽象出的扇形都可以通过从第一条边逆时针旋转到第二条边画出。信号覆盖示意如图 15-1 所示。

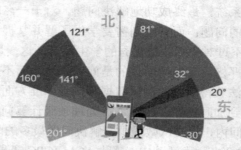

图 15-1 信号覆盖示意

请计算用户手机所有信号覆盖到的区域的总面积。

输入格式:第一行输入一个整数 T(1 ≤ T ≤ 20),表示数据组数。接下来一共 T 组数据,每组数据第一行输入一个整数 n(1 ≤ n ≤ 104),表示各种信号可以抽象出的不同扇形的总个数。接下来输入 n 行,每行 3 个整数表示扇形半径 r(0 ≤ r ≤ 105)、扇形第一条边与正东方向的夹角 α、扇形第二条边与正东方向的夹角 β(−90 ≤ α ≤ β < 270)。

输出格式:输出 T 行,每行一个非负浮点数,表示用户手机所有信号覆盖到的区域范围的总面积。每组输出与标准答案绝对误差在 10^{-3} 内均认为是正确的。

本题答案不唯一,符合要求的答案均正确。

样例输入:

```
1
4
2 -30 32
3 20 81
3 121 160
2 141 201
```

样例输出:

```
11.030
```

【赛题 3】 自建物流的无人机实验。

作为一个以电子商务为主体的公司,京东一直努力实现着自己"多、快、好、省"的承诺。其中,"快"的特质更是被京东发挥到了极致。京东建立了层级分明的物流网络,除了在社区里面的到户物流点，每个作为中转的物流点都有下属的物流点。每个物流点都有一定数量的快递员。

京东计划给一些物流点配备一种新式的无人机，用于进行货物中转、配送。因为这种无人机还在试验期，京东对每个参与测试的物流点最多都只配备一台无人机。负责这个试验的工作组希望设计一种分配无人机的方案，使得对于任何一个物流点 X，以它作为最近公共上级的分配了无人机的物流点数不小于物流点 X 的快递员数。为了节约试验预算，京东希望需要分配的无人机数量越少越好。你能帮他们求出一种分配无人机的方案吗？无人机物流分配拓扑图如图 15-2 所示。

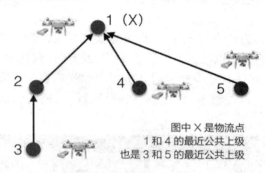

图中 X 是物流点
1 和 4 的最近公共上级
也是 3 和 5 的最近公共上级

图 15-2　无人机物流分配拓扑图

输入格式：输入第一行是一个整数 n，代表京东的物流点个数。

第二行是 n 个整数，第 i 个整数代表编号为 i 的京东物流点的快递员数量 value i(0 ≤ value i ≤ 1018)。

接下来是 n-1 行，每行有 2 个整数 x 和 y(1 ≤ x, y ≤ n)，代表物流点 x 和物流点 y 之间是上下级关系(即物流点 x 是物流点 y 的上级，或物流点 y 是物流点 x 的上级)。

数据可以确保最终会形成一个树形网络，编号为 1 的物流点是没有上级的物流核心节点(树的根)。

对于简单版本，1 ≤ n ≤ 10；

对于中等版本，1 ≤ n ≤ 2000；

对于困难版本，1 ≤ n ≤ 200000。

输出格式：如果对于给定的输入存在一个可以满足要求的分配无人机的方案，则第一行输出一个整数 ans，代表最少需要多少台无人机；若 ans 不为 0，则第二行输出 ans 个整数，代表最少的方案中需无人机的 ans 个结点的编号，编号需要按从小到大输出，每两个相邻整数之间有一个空格，行末没有空格(若存在多组符合要求的方案，输出任意一组即可)；若 ans 为 0，则不用输出第二行。

如果不存在满足的方案，则只在第一行输出 -1 即可。

本题答案不唯一，符合要求的答案均正确。

样例输入：

```
5
6 0 0 0 0
1 2
2 3
```

```
1 4
1 5
```

样例输出:

```
4
1 2 4 5
```

【赛题 4】 外卖的餐厅展示。

百度外卖"附近的餐厅"展示的是一个 N 行 4 列的网格,里面放的原本都是占 1 行 1 列的正方餐厅广告,新来的设计师 du 熊同学正在考虑一种新的设计方案,来更好地展示附近的餐厅。

作为设计师的 du 熊希望在 N 行 4 列的网格里先行放入若干占 1 行 1 列的正方餐厅广告,使得剩下来的空间,可以被占 1 行 2 列或 2 行 1 列的长条餐厅广告完美覆盖。du 熊希望让你帮他确定,到底有多少种放置若干正方餐厅广告的方案,使得放置若干正方餐厅广告以后剩下的空间可以被若干 1 行 2 列或 2 行 1 列的长条餐厅广告完美覆盖。广告示意如图 15-3 所示。

图 15-3 广告示意

完美覆盖即每个没有放入正方餐厅广告的位置会被长条餐厅广告恰好覆盖一次,且广告不可超出页面边界(如果所有的位置都已放入正方餐厅广告也属于完美覆盖)。

因为方案数会很多,我们希望你输出方案数对 1000000007 取模的结果。

输入格式:输入第一行为一个整数 T(1 ≤ T ≤ 20),表示数据组数。

接下来一共 T 行,每行为一个正整数 N(1 ≤ N ≤ 1018),代表页面的长度。

对于简单版本,1 ≤ n ≤ 6;

对于中等版本,1 ≤ n ≤ 1000;

对于困难版本,1 ≤ n ≤ 1018。

输出格式:一共输出 T 行,每行输出该组数据对应的方案数对 1000000007 取模的结果。

样例输入：

```
4
1
2
3
100
```

样例输出：

```
5
54
550
397280121
```

【赛题 5】 淘宝卖家评价体系。

淘宝对所有卖家建立了一套基于数据挖掘的评价体系，使用交易数据、用户评价等对每个卖家的描述真实度、发货速度和服务态度这三个维度进行打分，分数均为可正可负的整数。由于打分总会存在一定偏差，淘宝的算法工程师们只能对每个维度给出一个边界均为整数的分值范围，这三个维度的分值范围在三维直角坐标系中构成了一个顶点坐标均为整数、所有棱均平行于坐标轴的长方体。长方体示意如图 15-4 所示。

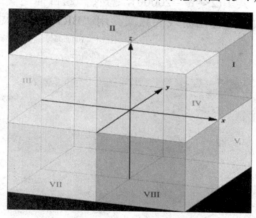

图 15-4　长方体示意

类似二维坐标系中的象限，在三维坐标系中用卦限来区别三维空间中的不同区域，卦限的编号顺序如图 15-4 所示。请根据输入的长方体算出其在三维直角坐标系中 8 个卦限的体积分别是多少。

输入格式：第一行输入一个数据组数 $T(1 \leqslant T \leqslant 50)$。

接下来一共 T 组数据，每组一行输入 6 个整数 X_{min}、X_{max}、Y_{min}、Y_{max}、Z_{min}、Z_{max} $(-1000 \leqslant X_{min} \leqslant X_{max} \leqslant 1000, -1000 \leqslant Y_{min} \leqslant Y_{max} \leqslant 1000, -1000 \leqslant Z_{min} \leqslant Z_{max} \leqslant 1000)$，分别为三个维度的上下边界。

输出格式：每行输出 8 个用空格分隔的非负整数，分别对应输入的长方体在第 1 卦限到第 8 卦限内的体积。如果该长方体没有任何部分在某一个卦限内，该卦限对应的体积输出 0 即可。

样例输入：

```
1
-2 1 -1 1 -2 3
```

样例输出：

```
3 6 6 3 2 4 4 2
```

【赛题 6】包子的游戏。

现给出一个正整数集合 S，其中的元素为 1,2,3,…,n，大包子和小包子要玩一个游戏，游戏规则如下。

首先，在集合中预先选定两个不同的正整数作为"幸运值"，记为 a 和 b(1<=a，b<=n 且 a!=b)。

大包子和小包子轮流在集合 S 中选择一个非幸运值 k，将它变成幸运值。但是，只有在已经存在幸运值 i 和幸运值 j 满足 k=i+j 或者 k=i-j 的情况下，这个 k 才是可以被选取的；

大包子先进行操作，无法选取幸运值的人将输掉游戏。

大包子和小包子都是包子，所以它们都非常聪明，每次操作都会作出自己的最佳选择。

现在，给出 n,a,b，请判断大包子和小包子谁是赢家。

输入：首先输入一个正整数 T(T<=7000)，表示测试数据的组数。接下来的 T 行，每一行都包含三个正整数 n,a,b，其中(2<=n<=20000)，意义和题目描述一致。

输出：对于每组测试数据，输出游戏的赢家。用"BIG"表示大包子，用"SMALL"表示小包子。

样例输入：

```
4
3 1 3
100 1 2
1994 7 12
1314 5 20
```

样例输出：

```
Case #1: BIG
Case #2: SMALL
Case #3: SMALL
Case #4: SMALL
```

【赛题 7】大钉骑马走江湖。

江湖是什么，对于在象棋界厮杀的大钉来说，江湖就是一个矩阵，它的目标就是在江湖之中骑着马，从它的位置出发，走到终点。

当然，大钉的马也遵从中国象棋中的"马走日"规则，而且在矩阵中，也会有一些障碍物，马不能跳到障碍物上；如果大钉的马面前有障碍物，即被"别马腿"，那么它将不能跳向有障碍物的左前和右前这两个方向。

请问最少需要多少步，大钉才能骑着马跳到终点？

输入格式：有多组测试样例，每组第一行输入两个数 n 和 m，代表矩阵的行数和列数，2≤n≤m<100。接下来输入 n 行字符串，其中 's' 代表起点，'e' 代表终点，'.' 代表空地，'#' 代表障碍物。

输出格式：对应每组输入，输出骑马跳到终点的最小步数，如果跳不到终点，输出 -1。

样例输入：

```
3 3
s ..
...
..e

3 3
s#.
...
#.e
```

样例输出：

```
4
-1
```

【赛题 8】 遗失的支付宝密码。

某用户忘记了支付宝的登录密码，他只记得自己的密码满足以下几个条件：

(1) 密码中最多有 m 种不同的字符；

(2) 密码的最大长度为 n，但不能为空；

(3) 密码的任意一个前缀都不是一个 square。

square 的定义如下：

① 字符串的长度 L 是偶数；

② 字符串的长度为 L/2 的前缀和长度为 L/2 的后缀相同。

比如，abab 是一个 square，而 abba 则不是。

请问符合条件的密码有多少个？因为数量很多，只需要输出总个数对 2^{32} 取模的结果即可。

输入格式：输入第一行，包含两个整数 n、m(n、m≥1)，n 为密码的最大长度，密码中最多有 m 种不同的字符。

对于简单版本： n≤5，m≤10；

对于中等版本： n≤40，m≤10^9；

对于困难版本： n≤100，m≤10^9。

输出格式：输出一个整数，表示满足条件的密码数量，结果对 2^{32} 取模。

样例输入 1：

```
3 2
```

样例输出 1：

```
8
```

样例输入 2：

```
4 5
```

样例输出 2：

```
605
```

【赛题 9】百度地图的实时路况。

百度地图的实时路况功能相当强大，能方便出行的人们避开拥堵路段。一个地区的交通便捷程度就决定了该地区的拥堵情况。假设一个地区有 n 个观测点，编号从 1～n。定义 d(u, v, w) 为从 u 号点出发，严格不经过 v 号点，最终到达 w 号点的最短路径长度，如果不存在这样的路径，d(u, v, w) 的值为 −1。

那么这个地区的交通便捷程度 P 为：

$$P = \sum_{1 < x, y, z \leqslant n, x \neq y, y \neq z} d(x, y, z)$$

现在知道了该地区的 n 个点，以及若干条有向边，求该地区的交通便捷程度 P。

输入格式：第一行输入一个正整数 n(4≤n≤300)，表示该地区的点数。

接下来输入 n 行，每行输入 n 个整数。第 i 行第 j 个数 $G_{i,j}$(−1≤$G_{i,j}$≤10000；$G_{i,i}$=0) 表示从 i 号点到 j 号点的有向路径长度。如果这个数为 −1，则表示不存在从 i 号点出发到 j 号点的路径。

输出格式：输出一个整数，表示这个地区的交通便捷程度。

样例输入：

```
4
0 1 -1 -1
-1 0 1 -1
-1 -1 0 1
1 -1 -1 0
```

样例输出：

```
10
```

【赛题 10】腾讯的新游戏——勇者的故事。

腾讯推出了一款新游戏：勇者的故事。在游戏里有一个勇者，要去挑战大魔王，大魔王有 n 支护卫队，第 i 支护卫队里有 m_i 只恶魔。勇者和恶魔都有攻击力和防御力，当两个角色发生战斗时，若一方的防御力小于另一方的攻击力，则这一方会死亡(存在两边都死亡或两边都存活的情况)。勇者的攻击力是 1，恶魔的防御力全都是 0。每当勇者击杀了一只恶魔并且勇者仍存活，勇者的防御力会增加 1。当勇者与一支护卫队发生战斗时，勇者会依照护卫队的顺序从前往后依次与恶魔们发生战斗(这是因为恶魔们训练有素，他们总是排成一条竖线冲锋)。恶魔们一共会换防 q 次，对于第 i 次换防(x_i, a_i, y_i, b_i)，第 x_i 支护卫队的前 a_i 只恶魔会与第 y_i 支护卫队的前 b_i 只恶魔交换。

你的任务是在每次换防之后，计算出若此时勇者要击杀全部的护卫队恶魔并见到大魔王，至少需要多少点初始防御力。勇者可以决定先与哪支护卫队发生战斗，但必须击杀完一支护卫队才能挑战另一支。

输入格式：第一行输入一个正整数 n(n≥2)，表示护卫队数量。

接下来输入 n 行，第 i 行输入第一个整数 m_i(m_i≥0，$\sum_i m_i$≥1)，接着输入有 m_i 个空格分隔的整数 $attack_{i,j}$(1≤$attack_{i,j}$≤100000)，表示第 i 支护卫队按从前往后顺序，第 j 只恶魔的攻击力。

接下来一行输入一个整数 q(q≥1)，表示换防次数。

接着输入 q 行，第 i 行输入 4 个整数 x_i, a_i, y_i, b_i($x_i \neq y_i$；1≤x,y≤n；a_i, b_i≥0)，表示第 i

次换防。

对于简单版本：n, m_i, q≤8；$\sum_i m_i$≤64；

对于中等版本：n, m_i, q≤1000；$\sum_i m_i$≤1000；

对于困难版本：n, m_i, q≤100000；$\sum_i m_i$≤100000。

输出格式：输出有 q 行，请在每次换防后，输出若此时勇者要击杀全部的护卫队恶魔并存活，至少需要的初始防御力点数。

样例输入：

```
2
5 2 5 1 5 6
4 5 6 7 8
3
1 3 2 2
1 4 2 0
1 0 2 5
```

样例输出：

```
4
5
5
```

15.3 ACM 竞赛范例

15.3.1 二进制字符串重建

时间限制：2s，空间限制：256MB。

考虑以下过程。您有一个长度为 n 的二进制字符串(每个字符为 0 或 1 的字符串)w 和一个整数 x，您将构建一个由 n 个字符组成的新二进制字符串 s，s 的第 i 个字符选择如下：

(1) 如果字符 w_{i-x} 存在且等于 1，则 s_i 为 1(形式上，如果 i>x 且 w_{i-x}=1，则 s_i=1)；

(2) 如果字符 w_{i+x} 存在且等于 1，则 s_i 为 1(形式上，如果 i+x≤n 且 w_{i-x}=1，则 s_i=1)；

(3) 如果上述两个条件都为假，则 s_i 为 0。

您将得到整数 x 和结果字符串 s，重建原始字符串 w。

输入格式：第一行包含一个整数 t(1≤t≤1000)——测试用例数。

每个测试用例由两行组成，第一行包含结果字符串 s(2≤|s|≤10^5，s 的每个字符是 0 或 1，|s|表示 s 的长度)，第二行包含一个整数 x(1≤x≤|s|-1)。

输入的所有字符串的总长度不超过 10^5。

输出格式：对于每个测试用例，将答案打印在单独的一行上。要求如下：如果没有字符串 w 可以生成字符串 s，则打印-1；否则，打印由|s|个字符组成的二进制字符串 w。如果有多个答案，请打印其中任何一个。

输入样例：

```
3
101110
2
```

```
01
1
110
1
```

输出样例:

```
111011
10
-1
```

15.3.2　竞赛题目解析

设 "$(i>x \wedge w_{i-x}=1) \vee (i+x \leqslant n \wedge w_{i-x}=1)$" 为条件 A，"$s_i=1$" 为条件 B，"$1 \leqslant i \leqslant n$" 为前提 S。题目要求，$\forall S$ 有 $A \Rightarrow B$，且 $\forall S$ 有 $\neg A \Rightarrow \neg B(B \Rightarrow A)$，故 $\forall S$ 有 $A \Leftrightarrow B$。

注意，构造满足命题 1 "$\forall S$ 有 $\neg B \Rightarrow \neg A(A \Rightarrow B)$" 的 w 较为容易，构造的结果是 w 的某些位置必须是 0，其他位置待定。我们只需要再从这些满足条件的 w 中找到满足命题 2 "$\forall S$ 有 $B \Rightarrow A$" 的某个 w 即可。由于把待定位上的 1 改为 0 可能导致满足命题 2 的 w 变成不满足，而 0 改为 1 可以使不满足的变为满足，于是可以在待定位上全部填 1。这一操作可以在填 0 之前完成。

如果这样贪心得到的 w 不满足命题 2，则再怎样改也不符合条件。判断满不满足命题 2，可以判断满不满足命题 2 的否定 "$\exists S$ 使 $B \Rightarrow \neg A$"。

15.3.3　本题参考代码

```cpp
#define _CRT_SECURE_NO_WARNINGS
#include<bits/stdc++.h>
#define int long long
#define endl '\n'
using namespace std;
const int MAXS = 1e5;
char w[MAXS + 1];
signed main()
{ /*freopen("1.txt", "r", stdin);*/
    ios::sync_with_stdio(0);
    cin.tie(0);
    int t;
    cin >> t;
    while (t--)
    {   string s;
            cin >> s;
            int x;
            cin >> x;
            for (int i = 0;i < s.size();i++)
            {   w[i] = '1';  }
            w[s.size()] = '\0';
            for (int i = 0;i < s.size();i++)
```

```
                {
                        if (s[i] == '0')
                        {
                              if (i - x >= 0)                    { w[i - x] = '0';  }
                            if (i + x < s.size())                  { w[i + x] = '0';
                }
                        }
                    }
        bool ans = 1;
        for (int i = 0;i < s.size();i++)
            {    if (s[i] == '1' && !(i - x >= 0 && w[i - x] == '1' || i + x
< s.size() && w[i + x] == '1'))
                    {                        ans = 0; break;                }
            }
            if (ans) { cout << w;  }
            else { cout << -1;  }
            cout << endl;
        }
    return 0;
}
```

程序运行结果如图 15-5 所示。

图 15-5　本题程序运行结果

附　录

附录 A　不同版本的 C 语言标准之间的主要区别

表 A-1　C 语言的各种版本

主版本	C89	AMD1	C99	C11
别名	C90 ANSI C X3.519-1989 ISO/IEC 9899：1990	C94 C95	ISO/IEC 9899:1999	ISO/IEC 9899:2011
标准通过时间	1989 年			
标准发布时间	1990 年	1995 年	1999 年	2011 年
GCC 使用此版本所用参数	-ansi -std=c90 -std=iso9899:1990	-std=iso9899:199409	-std=c99 -std-iso9899:1999	-std=c11 -std-iso9899:2011
GCC 使用此版本且带 C 扩展时所用参数	-std=gnu90		-std=gnu99	-std=gnu11
C 语言实现时所对应函数库	<float.h> <limits.h> <stdarg.h> <stddef.h>	<iso646.h>	<stdbool.h> <stdint.h>	<stdalign.h> <stdnoreturn.h>

备注：

【ANSI C】： ANSI C==C89==C90。

1989 年批准通过，1990 年发布，后被批准为 ISO 标准：ISO/IEC 9899:1990。

常叫作 C89，偶尔被叫作 C90。GCC 中指定此版本所用参数时，有三种写法：

(1) -ansi；

(2) -std=c90；

(3) -std=iso9899:1990。

【AMD1】： AMD1==C94==C95。

1995 年针对之前 1990 年发布的标准发布了一个修订版，有时候被叫作 C94 或 C95。

GCC 中指定此版本时所用参数：-std=iso9899:199409。

【C99】：

1999 年又发布了新标准：ISO/IEC 9899:1999，常被叫作 C99。此 C99 标准未完成之前的草案，被叫作 C9X。GCC 中指定此版本时所用参数时，有两种写法：

(1) -std=c99；

(2) -std=iso9899:1999。

【C11】：

2011 年发布了新标准：ISO/IEC 9899:2011。此 C11 标准未完成之前的草案被叫作 C1X。
GCC 中指定此版本所用参数时，有两种写法：

(1) -std=c11；

(2) -std=iso9899:2011。

附录 B　二级 C 语言思维导图

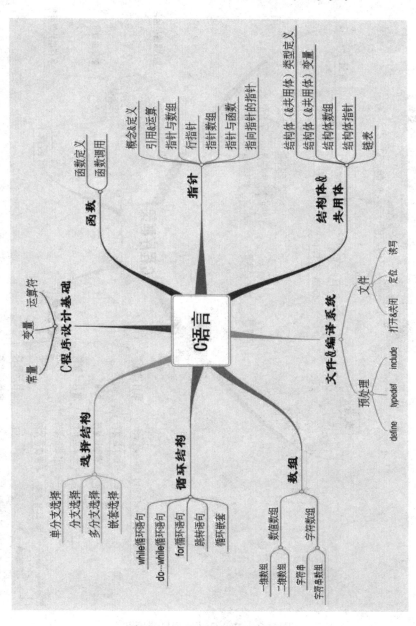

图 B-1　二级 C 语言思维导图 1

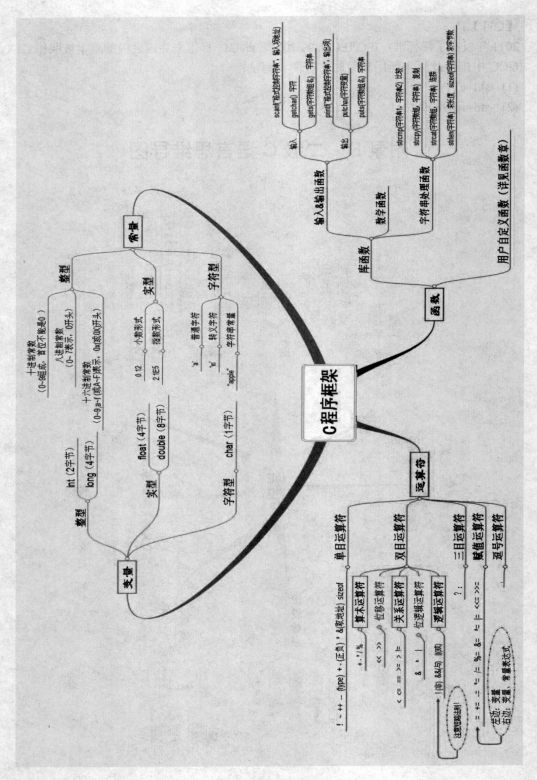

图 B-2　二级 C 语言思维导图 2

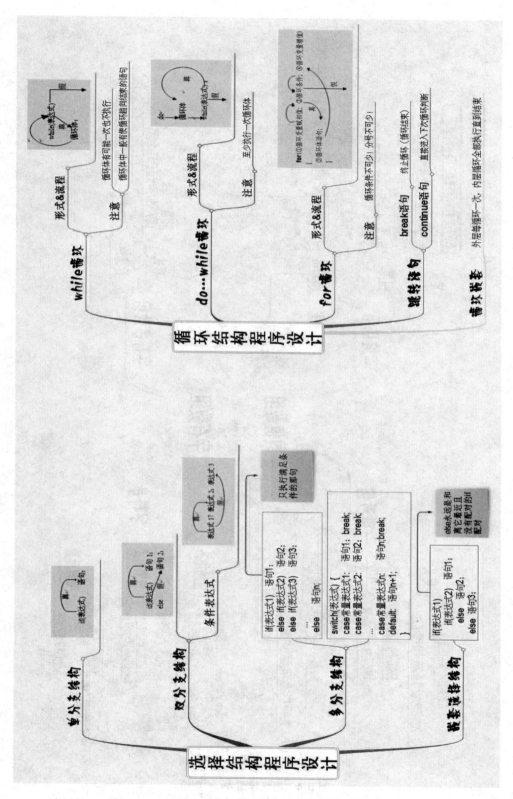

图 B-3　二级 C 语言思维导图 3——选择结构与循环结构

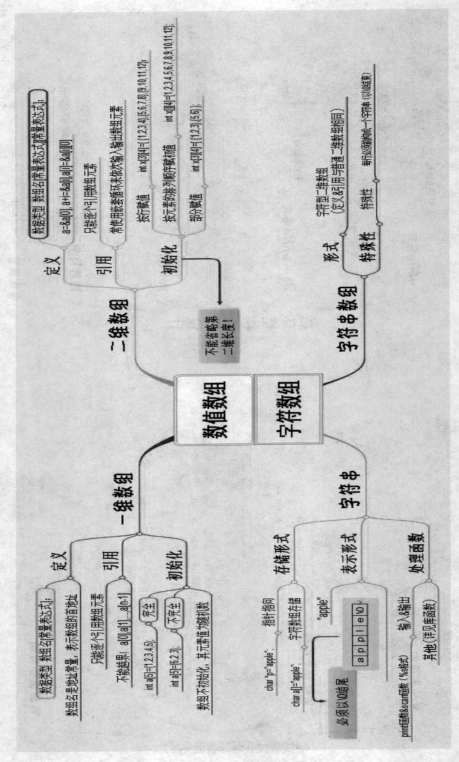

图 B-4　思维导图 4——数组

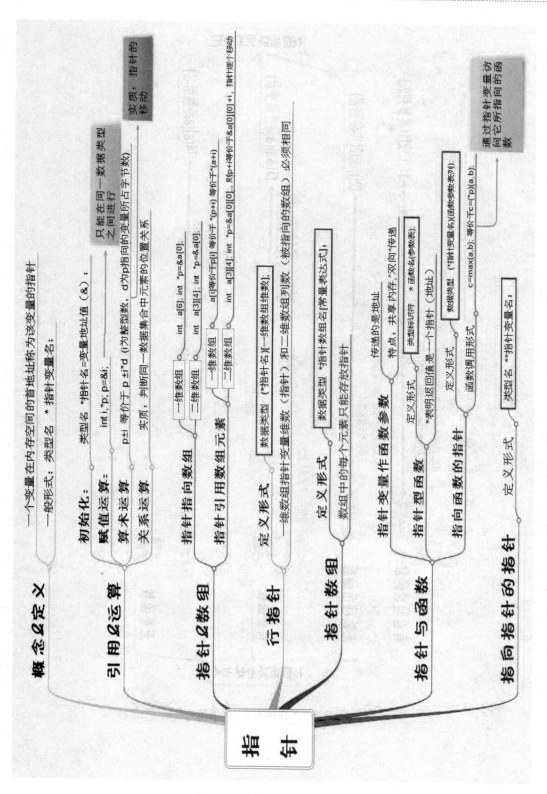

图 B-5　思维导图 5——指针

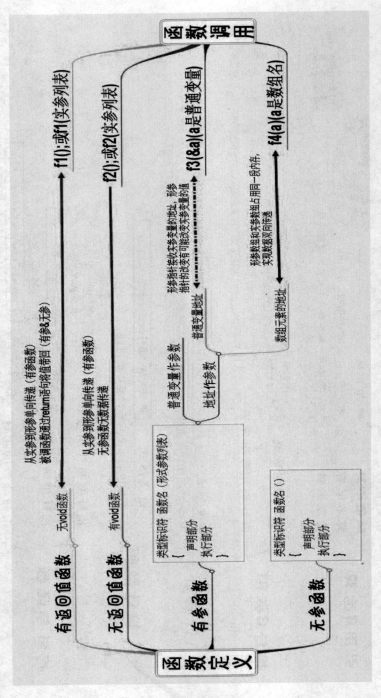

图 B-6　思维导图 6——函数

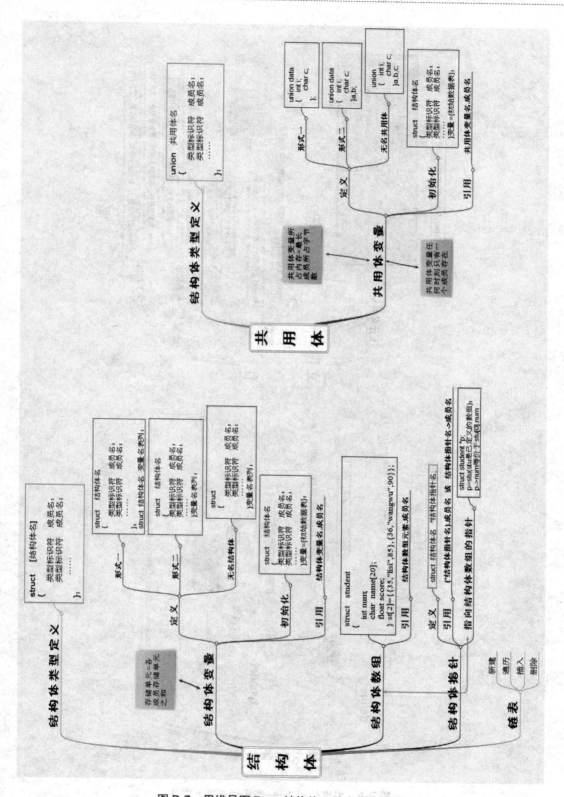

图 B-7 思维导图 7——结构体、链表与共用体

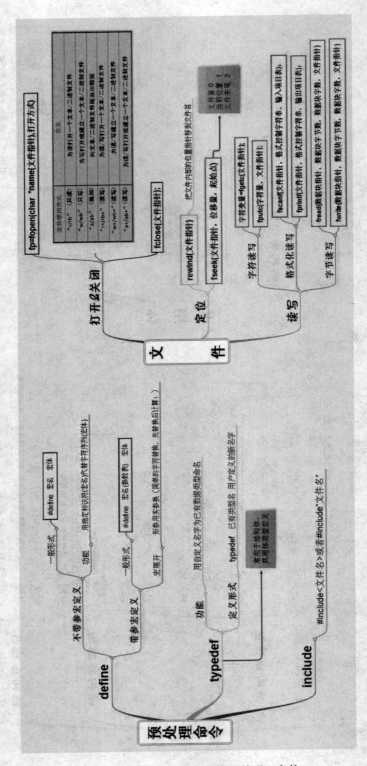

图 B-8　思维导图 8——编译预处理、文件

附录 C　C 程序常见错误分析

表 C-1　C 程序常见错误分析

错误类型	错误分析
输入错误	在输入数据的 scanf 函数中忘记使用变量的地址符； 误把赋值号 "=" 作为等于号 "==" 运算符； 在用标识符时，忘记了大写字母和小写字母的区别； 在不该加分号的地方加了分号； 语句漏分号； 对循环体中应该有花括号的复合语句，忘记加花括号； 定界符号不匹配； 常用符号输入错误
逻辑错误	switch 语句的各分支中漏写 break 语句； 输入输出数据的类型与所用格式说明符不一致； 在不应加地址运算符&的位置加了地址运算符； 混淆字符数组与字符指针的区别； 在引用指针变量之前没有对它赋予确定的值； 混淆结构体类型与结构体变量的区别
数据错误	忘记定义变量； 未注意数据类型的数值范围； 输入数据的形式与要求不符； 函数的实参和形参类型不一致； 不同类型的指针混用； 输入数据时，企图规定精度； 将字符常量与字符串常量混淆
界值错误	循环体中的语句次序有误，造成结果出错； 在定义数组时，将定义的 "元素个数" 误认为是 "可使用的最大下标值"； do…while 语句中的循环条件设置有误，致使循环次数多一次； 使用自加(++)和自减(--)运算
运行错误	输入的数据不符合要求； 误认为形参值的改变会影响实参的值； 使用文件时打开方式与使用情况不匹配； 在有参的宏替换文本中，参数未加 "()"，引发运算顺序的不当

附录 D　常见错误信息语句中英文索引

表 D-1 按字母顺序 A～Z 分别列出源程序错误信息的中英文对照。

表 D-1　常见错误信息语句英文索引

索引	中文对照	英文对照
A	Ambiguous operators need parentheses	不明确的运算需要用括号括起
	Ambiguous symbol 'xxx'	不明确的符号
	Argument list syntax error	参数表语法错误
	Array bounds missing	丢失数组界限符
	Array size toolarge	数组尺寸太大
B	Bad character in paramenters	参数中有不适当的字符
	Bad file name format in include directive	包含命令中文件名格式不正确
	Bad ifdef directive synatax	编译预处理 ifdef 有语法错
	Bad undef directive syntax	编译预处理 undef 有语法错
	Bit field too large	位字段太长
C	Call of non-function	调用未定义的函数
	Call to function with no prototype	调用函数时没有函数的说明
	Cannot modify a const object	不允许修改常量对象
	Case outside of switch	漏掉了 case 语句
	Case syntax error	Case 语法错误
	Code has no effect	代码不可述不可能执行到
	Compound statement missing{	分程序漏掉"{"
	Conflicting type modifiers	不明确的类型说明符
	Constant expression required	要求常量表达式
	Constant out of range in comparison	在比较中常量超出范围
	Conversion may lose significant digits	转换时会丢失意义的数
	Conversion of near pointer not allowed	不允许转换近指针
	Could not find file 'xxx'	找不到 XXX 文件
D	Declaration missing ;	说明缺少 ";"
	Declaration syntax error	说明中出现语法错误
	Default outside of switch	Default 出现在 switch 语句之外
	Define directive needs an identifier	定义编译预处理需要标识符
	Division by zero	用 0 作除数
	Do statement must have while	do…while 语句中缺少 while 部分
E	Enum syntax error	枚举类型语法错误
	Enumeration constant syntax error	枚举常数语法错误
	Error directive :xxx	错误的编译预处理命令
	Error writing output file	写输出文件错误
	Expression syntax error	表达式语法错误
	Extra parameter in call	调用时出现多余错误

索引	中文对照	英文对照
F	File name too long	文件名太长
	Function call missing)	函数调用缺少右括号
	Function definition out of place	函数定义位置错误
	Function should return a value	函数必须返回一个值
G	Goto statement missing label	Goto 语句没有标号
H	Hexadecimal or octal constant too large	16 进制或 8 进制常数太大
I	Illegal character 'x'	非法字符 x
	Illegal initialization	非法的初始化
	Illegal octal digit	非法的 8 进制数字
	Illegal pointer subtraction	非法的指针相减
	Illegal structure operation	非法的结构体操作
	Illegal use of floating point	非法的浮点运算
	Illegal use of pointer	指针使用非法
	Improper use of a type definition symbol	类型定义符号使用不恰当
	In-line assembly not allowed	不允许使用行间汇编
	Incompatible storage class	存储类别不相容
	Incompatible type conversion	不相容的类型转换
	Incorrect number format	错误的数据格式
	Incorrect use of default	Default 使用不当
	Invalid indirection	无效的间接运算
	Invalid pointer addition	指针相加无效
	Irreducible expression tree	无法执行的表达式运算
L	Lvalue required	需要逻辑值 0 或非 0 值
M	Macro argument syntax error	宏参数语法错误
	Macro expansion too long	宏的扩展以后太长
	Mismatched number of parameters in definition	定义中参数个数不匹配
	Misplaced break	此处不应出现 break 语句
	Misplaced continue	此处不应出现 continue 语句
	Misplaced decimal point	此处不应出现小数点
	Misplaced elif directive	不应编译预处理 elif
	Misplaced else	此处不应出现 else
	Misplaced else directive	此处不应出现编译预处理 else
	Misplaced endif directive	此处不应出现编译预处理 endif
	Must be addressable	必须是可以编址的
	Must take address of memory location	必须存储定位的地址

索引	中文对照	英文对照
N	No declaration for function 'xxx'	没有函数 xxx 的说明
	No stack	缺少堆栈
	No type information	没有类型信息
	Non-portable pointer assignment	不可移动的指针(地址常数)赋值
	Non-portable pointer comparison	不可移动的指针(地址常数)比较
	Non-portable pointer conversion	不可移动的指针(地址常数)转换
	Not a valid expression format type	不合法的表达式格式
	Not an allowed type	不允许使用的类型
	Numeric constant too large	数值太大
O	Out of memory	内存不够用
P	Parameter 'xxx' is never used	参数 xxx 没有用到
	Pointer required on left side of ->	符号->的左边必须是指针
	Possible use of 'xxx' before definition	在定义之前就使用了 xxx(警告)
	Possibly incorrect assignment	赋值可能不正确
R	Redeclaration of 'xxx'	重复定义了 xxx
	Redefinition of 'xxx' is not identical	xxx 的两次定义不一致
	Register allocation failure	寄存器定址失败
	Repeat count needs an lvalue	重复计数需要逻辑值
S	Size of structure or array not known	结构体或数组大小不确定
	Statement missing ;	语句后缺少 ";"
	Structure or union syntax error	结构体或联合体语法错误
	Structure size too large	结构体尺寸太大
	Sub scripting missing]	下标缺少右方括号
	Superfluous & with function or array	函数或数组中有多余的 "&"
	Suspicious pointer conversion	可疑的指针转换
	Symbol limit exceeded	符号超限
T	Too few parameters in call	函数调用时的实参少于函数的参数
	Too many default cases	Default 太多(switch 语句中一个)
	Too many error or warning messages	错误或警告信息太多
	Too many type in declaration	说明中类型太多
	Too much auto memory in function	函数用到的局部存储太多
	Too much global data defined in file	文件中全局数据太多
	Two consecutive dots	两个连续的句点
	Type mismatch in parameter xxx	参数 xxx 类型不匹配
	Type mismatch in redeclaration of 'xxx'	xxx 重定义的类型不匹配

索引	中文对照	英文对照
U	Unable to create output file 'xxx'	无法建立输出文件 xxx
	Unable to open include file 'xxx'	无法打开被包含的文件 xxx
	Unable to open input file 'xxx'	无法打开输入文件 xxx
	Undefined label 'xxx'	没有定义的标号 xxx
	Undefined structure 'xxx'	没有定义的结构 xxx
	Undefined symbol 'xxx'	没有定义的符号 xxx
	Unexpected end of file in comment started on line xxx	从 xxx 行开始的注解尚未结束文件不能结束
	Unexpected end of file in conditional started on line xxx	从 xxx 开始的条件语句尚未结束文件不能结束
	Unknown assemble instruction	未知的汇编结构
	Unknown option	未知的操作
	Unknown preprocessor directive: 'xxx'	不认识的预处理命令 xxx
	Unreachable code	无路可达的代码
	Unterminated string or character constant	字符串缺少引号
	User break	用户强行中断了程序
V	void functions may not return a value	void 类型的函数不应有返回值
W	Wrong number of arguments	调用函数的参数数目错
X	'xxx' not an argument	xxx 不是参数
	'xxx' not part of structure	xxx 不是结构体的一部分
	xxx statement missing (	xxx 语句缺少左括号
	xxx statement missing)	xxx 语句缺少右括号
	xxx statement missing ;	xxx 缺少分号
	xxx' declared but never used	说明了 xxx 但没有使用
	xxx' is assigned a value which is never used	给 xxx 赋了值但未用过
Z	Zero length structure	结构体的长度为 0

注意：

(1) 不同编译环境的功能或提示可能有差异；

(2) 部分说明为"经验性"的，仅供读者参考。

附录 E 常见错误信息语句示例

C 语言的源程序错误分为致命错误、一般错误和警告。其中，致命错误通常是内部编译出错；一般错误指程序的语法错误、磁盘或内存存取错误或命令行错误等；警告则只是指出一些值得怀疑的情况，它并不阻止编译的进行。

一、编译错误

1. error C2001: newline in constant

编号：C2001

直译：在常量中出现了换行。

错误分析：

(1) 字符串常量、字符常量中是否有换行。

(2) 在这句语句中，某个字符串常量的尾部是否漏掉了双引号。

(3) 在这句语句中，某个字符串常量中是否出现了双引号字符""，但是没有使用转义符"\""。

(4) 在这句语句中，某个字符常量的尾部是否漏掉了单引号。

(5) 是否在某语句的尾部，或语句的中间误输入了一个单引号或双引号。

2. error C2015: too many characters in constant

编号：C2015

直译：字符常量中的字符太多了。

错误分析：

单引号表示字符型常量。一般的，单引号中有且只能有一个字符(使用转义符时，转义符所表示的字符当作一个字符看待)，如果单引号中的字符数多于 4 个，就会引发这个错误。

另外，如果语句中某个字符常量缺少右边的单引号，也会引发这个错误，例如：

if (x == 'x || x == 'y') { ... }

值得注意的是，如果单引号中的字符数是 2～4 个，编译不报错，输出结果是这几个字符的 ASCII 码，作为一个整数(int，4B)看待。

两个单引号之间不加任何内容会引发如下错误：error C2137: empty character constant。

3. error C2018: unknown character '0x##'

编号：C2018

直译：未知字符'0x##'。

错误分析：

0x##是字符 ASCII 码的 16 进制表示法。这里说的未知字符，通常是指全角符号、字母、数字，或者汉字。如果全角字符和汉字用双引号包含起来，则成为字符串常量的一部分，是不会引发这个错误的。

4. error C2041: illegal digit '#' for base '8'

编号：C2141

直译：在 8 进制中出现了非法的数字'#'(这个用'#'表示的数字通常是 8 或者 9)。

错误分析：

如果某个数字常量以"0"开头(单纯的数字 0 除外)，那么编译器会认为这是一个 8 进制数字。例如："089""078""093"都是非法的，而"071"是合法的，等同于十进制中的"57"。

5. error C2065: 'xxxx' : undeclared identifier

编号：C2065

直译：标识符"xxxx"未定义。

错误分析：

标识符是程序中出现的除关键字之外的词，通常由字母、数字和下画线组成，不能以数字开头，不能与关键字重复，并且区分大小写。变量名、函数名、类名、常量名等都是标识符。所有的标识符都必须先定义，后使用。标识符有很多种用途，所以错误原因也有很多种。

(1) 如果"xxxx"是一个变量名，那么通常是程序员忘记定义这个变量，或者拼写错误、大小写错误所引起的，所以，首先检查变量名是否正确(关联：变量、变量定义)。

(2) 如果"xxxx"是一个函数名，那就怀疑函数名是不是没有定义。另外，也可能是拼写错误或大小写错误，还有可能是所调用的函数根本不存在。还有一种可能，写的函数在调用所在的函数之后，而没有在调用之前对函数原型进行申明(关联：函数声明与定义、函数原型)。

(3) 如果"xxxx"是一个库函数的函数名，比如"sqrt""fabs"，那么看看 cpp 文件开头是否包含了这些库函数所在的头文件(.h 文件)。例如，使用"sqrt"函数需要头文件 math.h。如果"xxxx"是"cin"或"cout"，那么一般是没有包含"iostream.h"(关联：#include、cin、cout)。

(4) 如果"xxxx"是一个类名，那么错误可能性依然是没有定义这个类，或者拼写错误，或者大小写错误，或者缺少头文件，或者类的使用在声明之前(关联：类、类定义)。

(5) 标识符遵循先声明后使用原则，所以，无论是变量、函数名、类名都必须先定义，后使用。如使用在前，声明在后，就会引发这个错误。

(6) C++的作用域也会成为引发这个错误的陷阱。花括号之内的变量是不能在花括号之外使用的，类、函数、if、do(while)、for 所引起的花括号都遵循这个规则(关联：作用域)。

(7) 前面某语句的错误也可能导致编译器误认为这一句有错。如果变量定义语句有错误，编译器在编译中会认为该变量从来没有定义过，以致后面所有使用这个变量的语句都报这个错误。如果函数声明语句有错误，那么将会引发同样的问题。

6. error C2086: 'xxxx' : redefinition

编号：C2086

直译："xxxx"重复声明。

错误分析：

变量"xxxx"在同一作用域中定义了多次。检查"xxxx"的每一次定义，只保留一个，或者更改变量名。

7. error C2374: 'xxxx' : redefinition; multiple initialization

编号：C2374

直译："xxxx"重复声明，多次初始化。

错误分析：

变量"xxxx"在同一作用域中定义了多次，并且进行了多次初始化。检查"xxxx"的每一次定义，只保留一个，或者更改变量名。

8. C2143: syntax error : missing ';' before (identifier) 'xxxx'

编号：C2143

直译：在(标识符)"xxxx"前缺少分号。

错误分析：

这是 VC6 编译器最常见的误报，当出现这个错误时，往往所指的语句并没有错误，而是它的上一句发生了错误。其实，更合适的做法是编译器报告上一语句的尾部缺少分号。上一语句的很多种错误都会导致编译器报出这个错误。

(1) 上一语句的末尾真的缺少分号，补上就可以了。

(2) 上一语句不完整，或者有明显的语法错误，或者根本不能算上一语句(有时候是无意中按到键盘所致)。

(3) 如果发现错误发生在 cpp 文件的第一行语句，检查本文件没有错误，而且本文件使用双引号包含了某个头文件，那么可检查头文件，头文件的尾部可能有错误。

9. error C2137: empty character constant

编号：C2137

直译：空的字符定义。

错误分析：

原因是连用了两个单引号，而中间没有任何字符。

二、链接错误

1. error LNK2001: unresolved external symbol _main

编号：LNK2001

直译：未解决的外部符号_main。

错误分析：缺少 main 函数，看看 main 的拼写或大小写是否正确。

2. error LNK2005: _main already defined in xxxx.obj

编号：LNK2005

直译：_main 已经存在于 xxxx.obj 中了。

错误分析：

直接的原因是该程序中有多个(不止一个)main 函数。这是初学 C 语言的低年级同学在初次编程时经常犯的错误。该错误通常不是表示同一个文件中包含两个 main 函数，而是在一个 project(项目)中包含了多个 cpp 文件，而每个 cpp 文件中都有一个 main 函数。引发这个错误的过程一般是这样的：完成了一个 C++程序的调试后，准备写第二个 C++文件时，可能通过右上角的关闭按钮关闭了当前 cpp 文件窗口(或者没有关闭，这一操作不影响最后的结果)，然后通过菜单或工具栏创建了一个新的 cpp 文件，在这个新窗口中完成程序编写、编译时就发生了以上的错误。原因是这样的：在创建第二个 cpp 文件时，没有关闭原来的项目，所以新的 cpp 文件加入上一个程序所在的项目。切换到 File View 视图，展开 Source

Files 节点，就会发现有两个文件。

编写 C++程序时，一定要理解 Workspace、Project。每一个程序都是一个 Project(项目)，一个 Project 可以编译为一个应用程序(*.exe)，或者一个动态链接库(*.dll)。通常，每个 Project 下面可以包含多个.cpp 文件、.h 文件，以及其他资源文件，而这些文件中，只能有一个 main 函数。Workspace(工作区)是 Project 的集合，在调试复杂的程序时，一个 Workspace 可能包含多个 Project，但对于初学者的简单程序，一个 Workspace 往往只包含一个 Project。

当完成一个程序以后，写另一个程序之前，一定要在 File 菜单中选择 Close Workspace 选项，完全关闭前一个项目，才能进行下一个项目。

参 考 文 献

[1] 冯相忠. C 语言程序设计学习指导与实验教程[M]. 5 版. 北京：清华大学出版社，2020.

[2] 张磊. C 语言程序设计实验指导与习题解答[M]. 4 版. 北京：清华大学出版社，2020.

[3] 卢萍，李开. C 语言程序设计典型题解与实验指导[M]. 北京：清华大学出版社，2020.

[4] 张玉生，朱苗苗，张书月. C 语言程序设计实训教程[M]. 上海：上海交通大学出版社，2018.

[5] 阳小兰，吴亮，钱程. 高级语言程序设计(C 语言)[M]. 北京：清华大学出版社，2018.

[6] 吴亮，阳小兰，钱程. C 语言程序设计实践教程[M]. 武汉：华中科技大学出版社，2017.

[7] 谭浩强. C 程序设计[M]. 5 版. 北京：清华大学出版社，2017.

[8] 谭浩强. C 程序设计[M]. 5 版. 学习辅导. 北京：清华大学出版社，2017.

[9] 阳小兰，吴亮，钱程. C 语言程序设计教程[M]. 武汉：华中科技大学出版社，2016.

[10] 何欣铭. C 语言程序设计经典实验案例集[M]. 武汉：武汉大学出版社，2012.

[11] 张冬梅. 基于 PBL 的 C 语言课程设计及学习指导[M]. 北京：清华大学出版社，2011.

[12] Peter Prinz, Tony Crawford. C 语言核心技术[M]. 北京：机械工业出版社，2008.

[13] Jeri R. Hanly, Elliot B. Koffman. C 语言详解[M]. 北京：人民邮电出版社，2007.

[14] 赫伯特·希尔特. C: The Complete Conferrence[M]. 北京：电子工业出版社，2003.

[15] 二级 C 语言考试. http://www.233.com，2017.